essentials

essentials liefern aktuelles Wissen in konzentrierter Form. Die Essenz dessen, worauf es als „State-of-the-Art" in der gegenwärtigen Fachdiskussion oder in der Praxis ankommt. *essentials* informieren schnell, unkompliziert und verständlich

- als Einführung in ein aktuelles Thema aus Ihrem Fachgebiet
- als Einstieg in ein für Sie noch unbekanntes Themenfeld
- als Einblick, um zum Thema mitreden zu können

Die Bücher in elektronischer und gedruckter Form bringen das Expertenwissen von Springer-Fachautoren kompakt zur Darstellung. Sie sind besonders für die Nutzung als eBook auf Tablet-PCs, eBook-Readern und Smartphones geeignet. *essentials:* Wissensbausteine aus den Wirtschafts-, Sozial- und Geisteswissenschaften, aus Technik und Naturwissenschaften sowie aus Medizin, Psychologie und Gesundheitsberufen. Von renommierten Autoren aller Springer-Verlagsmarken.

Weitere Bände in der Reihe http://www.springer.com/series/13088

Patrick Steglich · Katja Heise

Photonik einfach erklärt

Wie Licht die Industrie revolutioniert

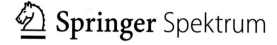

Patrick Steglich
Fachbereich Ingenieur- und
Naturwissenschaften
Technische Hochschule Wildau
Wildau, Deutschland

Katja Heise
Berlin, Deutschland

ISSN 2197-6708   ISSN 2197-6716   (electronic)
essentials
ISBN 978-3-658-27146-6   ISBN 978-3-658-27147-3   (eBook)
https://doi.org/10.1007/978-3-658-27147-3

Die Deutsche Nationalbibliothek verzeichnet diese Publikation in der Deutschen Nationalbibliografie; detaillierte bibliografische Daten sind im Internet über http://dnb.d-nb.de abrufbar.

Springer Spektrum ist ein Imprint der eingetragenen Gesellschaft Springer Fachmedien Wiesbaden GmbH und ist ein Teil von Springer Nature
Die Anschrift der Gesellschaft ist: Abraham-Lincoln-Str. 46, 65189 Wiesbaden, Germany

Was Sie in diesem *essential* finden können

- Den ersten Einstieg in ein hochbrisantes Forschungsfeld
- Spannendes Wissen für Zwischendurch
- Physikalische Grundlagen für Laien erklärt
- Alltags-Sprache statt akademischem Kauderwelsch

Inhaltsverzeichnis

Einführung 1

1.1 Photonik: Arbeiten mit Licht

Wir befinden uns am Scheideweg einer neuen Epoche: Das Zeitalter der Elektronik wird abgelöst vom Zeitalter der Photonik. Bis Mitte des 20. Jahrhunderts hat kaum etwas unser Leben so sehr verändert wie elektrische Fließbänder, Waschmaschinen, Telefone oder Fernseher. Längst aber sind neue Technologien erfunden, die unseren Alltag und die Industrie noch einmal genauso massiv verändern. Die Photonik macht aus Telefontasten moderne Touchscreens, aus klobigen Röhren smarte Flachbildschirme und tauscht langsame Fernmeldekabel mit Hochgeschwindigkeits-Glasfaserkabeln. Daten reisen mit Lichtgeschwindigkeit, schnelles Internet wird Realität. CD-Player, Strichcodescanner an der Supermarktkasse und Handykameras sind längst selbstverständlich – und auch hier ist die Photonik am Werk. Für die Medizin entstehen bessere Diagnoseverfahren sowie Operationstechniken und für die Industrie kontaktlose Messinstrumente und extrem starke Werkzeuge zur Materialbearbeitung.

Das Geheimnis hinter all diesen Erfindungen ist das Licht mit seinen in der Natur einzigartigen Fähigkeiten. Es kann mit etwa 300.000 km pro Sekunde reisen und erreicht somit die höchste Geschwindigkeit des Universums. Gleichzeitig liefert es in gebündelter Form eine Leistung von bis zu einer Milliarde Megawatt.

Die Photonik nutzt diese besonderen Eigenschaften, um die Industrie und den Alltag der Menschen zu revolutionieren. Damit hat sie unser Leben bereits in vielen Bereichen auf den Kopf gestellt. Sie hat viel verbessert, schneller, effizienter und auch nachhaltiger gemacht. Längst hat sie sich zu einem eigenständigen Industriezweig gemausert, der dabei vor allem die Disziplinen Optik und Elektrotechnik zusammenführt.

© Springer Fachmedien Wiesbaden GmbH, ein Teil von Springer Nature 2019
P. Steglich und K. Heise, *Photonik einfach erklärt,* essentials,
https://doi.org/10.1007/978-3-658-27147-3_1

Und ähnlich wie zu den Anfängen der Elektrizität ist auch diesmal nur wenigen Menschen bewusst, welche disruptiven Veränderungen mit der neuen Technik einhergehen, welche machtvollen Instrumente dabei bereits entstanden sind bzw. noch entstehen. Hier ist eine stille Revolution am Werk.

Doch auch wenn bislang noch wenig darüber allgemein bekannt ist, hat sich um die Photonik schon heute ein neuer Hochtechnologiezweig entwickelt. Aktuell sind vor allem deutsche Unternehmen in einigen Teilen dieser Branche Weltmarktführer.

Die Photonik zu erkunden und zu verstehen lohnt sich also, vor allem da sie mit ihren Möglichkeiten noch am Anfang steht. Was noch alles machbar ist, werden erst die kommenden Jahre und Jahrzehnte zeigen, denn ihre besonderen Potenziale entwickelt die Photonik vor allem in Verbindung mit anderen Disziplinen und Technologien.

Dieses Buch will dem Leser daher die folgenden Fragen beantworten: Was genau ist eigentlich Licht, was bedeutet Photonik und wie funktioniert die Physik dahinter? Das soll auf den folgenden Seiten verständlich und anschaulich erklärt werden. Außerdem: Wie genau hat die Photonik die Industrie bereits revolutioniert? Wie funktioniert ein Barcode-Scanner? Wie gelingt ihr eine Krebsdiagnose ebenso wie die berührungsfreie Vermessung dreidimensionaler Räume? Und nicht zuletzt: Wie geht es weiter mit der Photonik? Wie schon angedeutet, befindet sich die Forschung noch in den Kinderschuhen. Wo also liegt weiteres Potenzial und an welcher Stelle lassen sich auch Grenzen und Forschungslücken aufdecken? Auch das soll dieses Buch klären.

▶ **Das müssen Sie wissen**

- Die Photonik hat bereits zu disruptiven Veränderungen in Industrie und Alltag geführt.
- Was hinter der Photonik steckt, ist der breiten Öffentlichkeit dennoch wenig bekannt.

1.2   Was ist eigentlich Licht?

Wer verstehen will, wie Photonik funktioniert, kommt um ein bisschen Physik nicht herum. Daher soll zu Anfang deutlich werden, auf welche wissenschaftliche Basis sich die Entwickler der neuen Technologien berufen. Dazu muss vor allem geklärt werden: Was ist eigentlich Photonik? Wie erwähnt, beschreibt sie die Nutzung des Lichts für technische Zwecke.

▶ **Präziser** Photonik steht für die Generierung, Detektion und Manipulation von Licht mithilfe aktueller Erkenntnisse der modernen Physik und Technik.

Das führt den Leser zu der Frage: Was genau ist eigentlich Licht? Und spätestens hier wird es knifflig. Denn an dieser Stelle hat sich schon Albert Einstein die Zähne ausgebissen. Zwar „glaubt heute jeder Lump, er wisse was Licht ist, aber er täuscht sich", schrieb er einem Freund 1951. Aber „wir sollten uns nicht täuschen lassen und zugeben, dass wir bis heute nicht wissen, was Licht ist", heißt es weiter. Sein „restliches Leben" wolle er sich „damit beschäftigen, das herauszufinden" [1]. Gelungen ist es ihm nie. Und auch bis heute haben Wissenschaftler diese Frage nicht vollständig geklärt.

Dabei scheitern Forscher weltweit an diesem einen Problem: Licht hat physikalische Eigenschaften, die sich laut den bekannten naturwissenschaftlichen Gesetzen normalerweise gegenseitig ausschließen müssten. Die Krux liegt in den Eigenschaften des Lichts, das aus sogenannten Photonen besteht. Experimente zeigen, dass diese sich – nach physikalischen Maßstäben – wie Teilchen verhalten. Das heißt, sie können zu einem bestimmten Zeitpunkt nur an einem Ort sein. Gleichzeitig aber zeigen die Forschungsergebnisse, dass Photonen sich auch wie Wellen im Raum ausbreiten. Vergleicht man diese Erkenntnisse mit anderen Phänomenen in der Natur, dann passt das eigentlich nicht zusammen. Es ist aber einfach so. Wissenschaftler sind immer wieder zu dem Schluss gekommen, dass Licht eben beide Eigenschaften besitzt. Deshalb sprechen Physiker hier vom Welle-Teilchen-Dualismus.

Fakt ist also: Was genau Licht ist, kann niemand so genau sagen bzw. es ist einfach mehreres gleichzeitig. Eines ist jedoch auch ohne eindeutige Licht-Theorie immer klar gewesen: Licht hat für das Leben auf der Erde eine essenzielle Bedeutung. Pflanzen brauchen es für die Fotosynthese, um zu wachsen. Andere Lebewesen brauchen es – so banal es klingt –, um zu sehen. Und nicht zuletzt hat Licht einen großen Einfluss auf unsere Hormonsteuerung und beeinflusst, wie gesund und zufrieden wir sind.

Sogar den allerersten Menschen war bereits klar, wie sehr sie das Licht brauchen. In zahlreichen Kultursystemen spielen Licht- und Sonnengötter schon seit der Bronzezeit eine tragende Rolle. Und auch in der Schöpfungsgeschichte beginnt das Leben auf der Erde mit, „es werde Licht" [2].

▶ **Das müssen Sie wissen**

- Photonik steht für die Generierung, Detektion und Manipulation von Licht mithilfe aktueller Erkenntnisse der modernen Physik und Technik.
- Bis heute bleibt ungeklärt, was genau Licht ist. Die Photonen haben physikalische Eigenschaften, die sich eigentlich gegenseitig ausschließen. Sie verhalten sich wie Teilchen, aber auch wie Wellen. Wissenschaftler sprechen vom Welle-Teilchen-Dualismus.

1.3   Kurze Geschichte der Photonik

Im Laufe des 20. Jahrhunderts entstand schließlich die Idee, das Licht auch für technische Zwecke zu nutzen. Jetzt endlich hatten die Menschen die Mittel, es besser zu erforschen. Bald begannen Wissenschaftler zu verstehen, welch mächtiges Instrument ihnen hier auch für die Industrie gegeben war. In diese Zeit fällt die Geburt der Photonik.

Damals war Experten bereits allgemein bekannt, dass Materie Licht aussenden kann. Die Physik dahinter lässt sich so beschreiben: Wenn ein Atom Energie absorbiert, gelangt es in einen so genannten *angeregten* Zustand. Seine äußersten Elektronen besteigen ein höheres Energieniveau. Hier bleiben sie allerdings nicht lange. Das Atom gibt die überschüssige Energie schnell wieder ab – und zwar in Form eines Photons. All das passiert allerdings spontan, also ohne, dass jemand sagen kann, wann und in welche Richtung das Licht abgestrahlt wird. Deshalb ist auch die Rede von der *spontanen* Emission [3].

Mit diesem unvorhersehbaren Verhalten der Atome gab sich Einstein allerdings nicht zufrieden. Er war sich sicher: Irgendwie muss man das Atom dazu bringen können, das Licht nicht nur irgendwann und irgendwohin, sondern ganz gezielt abzugeben. Und er sollte Recht behalten. Denn schon bald ging ihm, wie er einem Freund schrieb, „ein prächtiges Licht" auf [1]. Dazu hat er immer wieder die bereits bekannten physikalischen Gesetze zum Thema Energie und Materie durchgekaut, bis ihm schließlich eine geniale und folgenreiche Idee kam.

Dabei geht es vor allem um das richtige Timing der Lichtemission: Wie schon geklärt, bleiben Atome nicht lange im angeregten Zustand, bis sie ihr Photon aussenden. Nutzt man dieses Zeitfenster, um das Atom mit einem weiteren Photon zu beschießen, kopiert das Atom dessen Eigenschaften. Das Resultat: Bei der Emission werden zwei Photonen mit identischen Eigenschaften ausgesendet. Et voilà: So ließen sich Atome dazu bringen, Licht zu einer gewünschten Zeit in eine gewünschte Richtung abzugeben. Überprüfen konnte Einstein diese Theorie nie – und dennoch sollte er Recht behalten. Die sogenannte *stimulierte* Lichtemission [3] war damit bereits seit 1916 theoretisch entdeckt.

▶ **Das müssen Sie wissen**

- Energetisch aufgeladene Atome können Licht aussenden, ohne dass sich Richtung und Zeitpunkt vorhersehen lassen. Die Wissenschaft spricht von spontaner Emission.
- Einstein entwickelte im Jahr 1916 die Idee, dass aufgeladene Atome auch gezielt Licht aussenden, wenn sie mit weiterer Energie beschossen werden. Die Rede ist von stimulierter Emission.

Grundlagen des Lasers

2

2.1 So funktioniert ein Laser

Mit seinen Ideen hatte Einstein den Grundbaustein für das wichtigste Instrument der Photoniker gelegt: den Laser. Bis dieser allerdings tatsächlich gebaut wurde, sollten noch viele Jahre vergehen. Der erste, der Einsteins Ideen 1954 experimentell belegte und dafür ein entsprechendes Gerät baute, war der amerikanische Physiker Charles H. Townes. Wobei allerdings erwähnt werden muss, dass die russischen Forscher Alexander Prochorow und Nikolai Bassow das nur wenig später ebenfalls schafften. Die theoretischen Grundlagen hierfür haben die Amerikaner und Russen aber wohl unabhängig voneinander ermittelt [1]. Daher haben sie 1964 auch alle gemeinsam den Nobelpreis bekommen.

Allerdings forschte dazu keiner der Wissenschaftler mit Lichtstrahlen, wie Einstein es im Sinn gehabt hatte. Sie konstruierten also keinen klassischen Laser, bei dem das L für Licht steht. Stattdessen arbeiteten sie erst einmal mit Mikrowellen. Sie bauten also einen ,Maser'. Der Grund dafür: Mikrowellen sind länger als Lichtwellen, was die experimentelle Realisierung vereinfacht. Zwar sind sie für das menschliche Auge nicht sichtbar, dennoch kennt sie wohl trotzdem jeder in Form der gleichnamigen Küchengeräte zum Erwärmen von Speisen und Getränken.

Im Jahr 1960 kam endlich der Laser, wie wir ihn bis heute nutzen. Der amerikanische Wissenschaftler Theodore Maiman konstruierte erstmals ein solches Instrument, basierend auf Einsteins Idee der stimulierten Emission [4]. Er baute ihn aus einfachsten Mitteln: einer Blitzlampe, einem Rubinkristall und einem Metallkasten. Er wollte für dieses Gerät laut eigener Aussage weder Zeit noch Geld verschwenden. „Ich habe die Rubinstäbe für meine Experimente einfach bestellt und gekauft, genau wie die Blitzlampe. Der Rest war reines Handwerk.", soll er

© Springer Fachmedien Wiesbaden GmbH, ein Teil von Springer Nature 2019
P. Steglich und K. Heise, *Photonik einfach erklärt*, essentials,
https://doi.org/10.1007/978-3-658-27147-3_2

gesagt haben [4]. Alles, was er tat, war also, leicht zu beschaffendes Material und theoretisches Wissen zu kombinieren. Wohl auch deshalb hat er nie den Nobelpreis erhalten (obwohl er zweimal nominiert war). Fakt ist aber auch: Vor ihm hat es niemand geschafft, den Laser zu bauen. Und das, obwohl auch andere Wissenschaftler weltweit es versucht hatten.

Der Laser Maimans – und übrigens auch jedes andere Lasersystem bis heute – funktioniert folgendermaßen: In besagter Metallkiste befindet sich der Rubin, er ist das sogenannte Lasermedium. Seine Atome werden durch die Blitzlampe mit einer konkreten Energie bestrahlt und setzen Photonen frei. Reißt der Energiestrom nicht ab, treffen die freigesetzten Photonen auf weitere Atome, die zuvor bereits Energie aufgenommen haben. Es kommt zur stimulierten Emission. Das Licht wird also immer stärker, da sich die Photonen mit identischen Eigenschaften vervielfachen. Noch einmal intensiviert wird dieses Licht durch zwei Spiegel innerhalb des Geräts, die die Photonen hin und her reflektieren.

Dieser Aufbau gibt dem Laser seinen Namen, als Akronym steht er für „**L**ight **A**mplification by **S**timulated **E**mission of **R**adiation", zu Deutsch: „Lichtverstärkung durch stimulierte Strahlungsemission".

Um dieses intensive Licht zu nutzen, wird es teilweise aus dem Laser hinausgeleitet. Das gelingt, weil einer der Spiegel leicht durchlässig ist. Der typische Laserstrahl, wie wir ihn kennen, entsteht (Abb. 2.1).

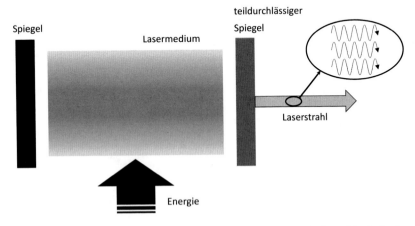

Abb. 2.1 Aufbau eines Lasers: Das Lasermedium wird mit Energie bestrahlt. Außerdem befindet es sich zwischen zwei Spiegeln, die das entstehende Laserlicht hin und her reflektieren, sodass es sich weiter verstärken kann. Der rechte Spiegel ist teildurchlässig, damit der Laserstrahl nach außen dringen kann. (Quelle: eigene Darstellung)

Maiman hat übrigens den Rubin aus einem bestimmten Grund gewählt. Tatsächlich hat dieses Material eine für den Laser essenzielle Eigenschaft. Wie oben erwähnt, geben Atome spontan überschüssige Energie in Form von Licht ab. Das kann jederzeit passieren. Im schlechtesten Fall also noch *bevor* weitere Energie das Atom zur stimulierten Emission zwingen kann. Nicht so beim Rubin. Dessen angeregte Atome bleiben in einer Art Wartezustand. Sie geben zwar auch spontan Energie ab, aber nur minimal und in Form von Wärme. Damit bleiben sie in der Lage, stimuliert zu emittieren (Abb. 2.2). Sie sind – wie Physiker sagen – metastabil. Nur mit einem Material, dass so etwas kann, lässt sich der Laser „zünden".

Neben dem Rubin gibt es noch einige weitere lasergeeignete Materialen, die in der Natur vorkommen, aber auch künstlich hergestellt werden können. Beispiele dafür sind in Tab. 2.1 gelistet.

Doch zunächst einmal weiter mit Maimans Laser. Tatsächlich wirkt sein Aufbau relativ simpel. Knifflig wird es eigentlich nur an einer Stelle: bei der Ausrichtung der Spiegel. Diese müssen einen bestimmten Abstand besitzen und exakt parallel zueinanderstehen. Um genau zu sein: Der Abstand muss einem ganzzahligen Vielfachen der halben Lichtwellenlänge entsprechen. Klingt etwas kompliziert, aber nur so funktioniert der Laser. Das erklärt auch, warum es so lange dauerte, bis er tatsächlich gebaut wurde. Aber Maiman hatte es endlich geschafft. Jetzt ließ sich Licht so präzise erzeugen und steuern wie nie zuvor. Die Photonik war geboren.

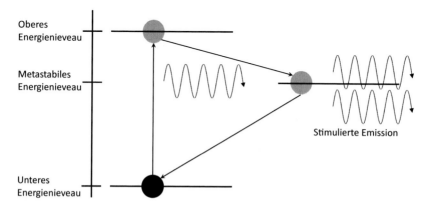

Abb. 2.2 Stimulierte Emission beim metastabilen Atom: Ein Elektron wird durch Energiezufuhr auf ein höheres Energieniveau gehoben, fällt bald zurück auf ein niedrigeres Niveau und gibt dabei eine kleine Menge Wärme-Energie ab. Doch auch von hier aus kommt es zur stimulierten Emission, sobald ein Photon auf das Atom trifft. (Quelle: eigene Darstellung)

Tab. 2.1 Einige Lasermedien, ihre Wellenlänge und beispielhafte Einsatzmöglichkeiten. Manche Materialien sind auch in mehreren Bereichen gleichzeitig einsetzbar

Lasermedium	Wellenlänge (Farbe)	Mögliche Anwendung
Rubin	694 nm (Rot)	Medizintechnik
Neodym:YAG	1064 nm (nahes Infrarot)	Werkstoffprüfung
CO_2	10.600 nm (fernes Infrarot)	Materialbearbeitung
Helium-Neon	632,8 nm (Rot)	Messtechnik
Krypton-Fluorid	248 nm (Ultraviolett)	Lithografie

Wozu er sein neues Gerät allerdings gebrauchen konnte, war zunächst überhaupt nicht klar [5]. Üblicherweise entwickeln Physiker und Ingenieure etwas, um ein Problem zu lösen oder eine Verbesserung hervorzurufen. Nicht so hier. Maser und Laser waren zunächst einfach nur das Ergebnis ehrgeiziger Tüftler.

▶ **Das müssen Sie wissen**

- Der amerikanische Wissenschaftler Charles H. Townes sowie die russischen Forscher Alexander Prochorow und Nikolai Bassow belegten Einsteins Ideen erstmals experimentell. Sie arbeiteten allerdings nicht mit Licht-, sondern mit Mikrowellen.
- 1960 konstruierte der Wissenschaftler Theodore Maiman den Laser, wie wir ihn heute kennen. Er verwendet einen Rubin als sogenanntes Lasermedium, um stimulierte Emission zu erzeugen. Dieser Effekt wird durch Spiegel verstärkt. Der typische Laserstrahl entsteht.

2.2   Das kann ein Laser

Welches mächtige Instrument die Wissenschaft jetzt in den Händen hielt, stellte sich erst nach Jahren und Jahrzehnten heraus. Im Laufe der Zeit wurde klar, dass Maiman ein Allroundwerkzeug geschaffen hatte, das das Zeug hatte, weite Teile der Industrie und des Alltags zu revolutionieren. Bald begannen immer mehr Forscher und Entwickler sich für den Laser zu interessieren. Dabei schauten und schauen sie bis heute stets auf die drei besonderen Eigenschaften des Laserlichts [6].

1. Laser strahlen Licht stets mit nur einer einzigen Wellenlänge ab.
Das ist etwas Besonderes, da „normale Lichtquellen", wie die Sonne oder
eine Taschenlampe, immer viele *unterschiedliche* Wellenlängen hervorbringen
(s. Abb. 2.3). Das hat zum Beispiel Auswirkungen auf die Färbung des Lichts.
Denn jede Wellenlänge bringt eine andere Farbe hervor. Das Resultat: Sonne
und Taschenlampe strahlen rot, gelb, grün, violett, blau, orange usw. Allerdings überlagern sich diese Farben, weshalb wir hier nur gelbweißes Licht
sehen. Sichtbar wird die bunte Vielfalt beim Regenbogen. Hier bricht das
Licht an Regentropfen und wird so in alle seine Farben aufgeteilt.
Anders aber bei Lasern. Sie haben immer nur eine Farbe. Oder wie Physiker
sagen: Ihr Licht ist monochromatisch. Wozu lässt sich das nutzen? Im Alltag
begegnet uns das monochromatische Licht zum Beispiel in Laserpointern, die
gern bei Präsentationen in der Schule oder im Büro eingesetzt werden. Ebenfalls beliebt sind Lasershows bei Abendveranstaltungen oder in der Diskothek.
Auch für die Industrie lässt sich diese Besonderheit des Laserlichts nutzen.
Hiermit lassen sich beispielsweise Entfernungen exakt und kontaktlos vermessen. Auf Baustellen verdrängt das Laser-Abstandsmessgerät daher immer
mehr den klassischen Zollstock.
Ebenfalls wichtig zu wissen: Die Wellenlänge bestimmt nicht nur die Farbe,
sondern auch die Energie des Lichts. Fokussiert man mit einem Laser viele

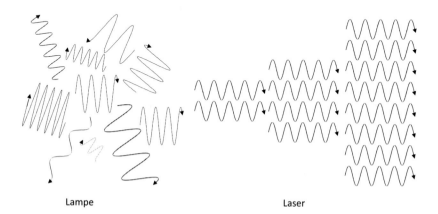

Lampe   Laser

Abb. 2.3 Die linke Skizze zeigt das Licht einer Lampe. Die unterschiedlichen Wellenlängen (und damit auch Farben) strahlen zu unterschiedlichen Zeitpunkten in verschiedene
Richtungen. Die rechte Skizze zeigt das Licht eines Lasers. Hier sind alle Wellen gleich
lang (nur eine Farbe). (Quelle: eigene Darstellung)

Photonen auf eine kleine Fläche, lassen sich sogar dicke Metallblöcke mühelos zerschneiden.

Welche Energie ein einzelnes Photon genau hat, lässt sich natürlich auch berechnen. Dazu nutzen Physiker folgende Formel:

$$E = h \frac{c}{\lambda}$$

E steht hier für Energie, h für die Naturkonstante des sogenannten Planckschen Wirkungsquantums, λ bestimmt die Wellenlänge und c bringt die Lichtgeschwindigkeit ins Spiel. So wird zum Beispiel deutlich: Obwohl blaues Licht ($\lambda = 400$nm) kürzere Wellen aussendet als rotes Licht ($\lambda = 700$nm), besitzt es deutlich mehr Energie.

Welche Farbe, Wellenlänge und Energie ein Laser tatsächlich produziert, hängt vor allem von der Wahl des richtigen Mediums ab. Dabei kommen neben Kristallen auch Gase oder Flüssigkeiten infrage.

Doch jetzt zurück zu den besonderen Eigenschaften des Lasers. An erster Stelle steht also die Einfarbigkeit.

2. Die zweite wesentliche Besonderheit des Lichts ist seine Kohärenz.

Das bedeutet, die Wellen schwingen über eine lange Strecke hinweg im gleichen Takt und die Wellenberge sind auf einer Linie (siehe Abb. 2.4). Physiker sprechen von der Phasengleichheit der Wellenzüge. Zum Vergleich: Das Licht einer Glüh- oder Taschenlampe strahlt nicht-kohärentes Licht ab. Hier schwingen die Wellenzüge unterschiedlich, die Wellenberge liegen nicht auf einer Linie.

Diese Eigenschaft lässt sich hervorragend nutzen, um weitläufige Landschaften, Strecken und sogar dreidimensionale Körper hochpräzise zu vermessen. Das macht das Laserlicht zu einem wertvollen Helfer für Ingenieure. (Dazu mehr in Kap. 6)

3. Die dritte wichtige Eigenschaft des Lasers: Sein Lichtstrahl ist nicht-divergent.

Das heißt, er verläuft annähernd parallel und strahlt nicht in alle Richtungen aus, wie etwa eine Taschenlampe (Abb. 2.5). Das können vor allem Entwickler in der Fertigungstechnik gut gebrauchen. Denn nicht-divergentes Licht lässt sich auf Flächen mit einem Durchmesser von nur wenigen Mikrometern fokussieren. So lassen sich extrem kleine Strukturen erzeugen. Ein Beispiel: Um Uhren zu bauen, müssen enorm kleine, aber dennoch sehr genaue Bauteile hergestellt werden. Mit bloßen Händen ist das so gut wie unmöglich – mit dem Laser gar kein Problem.

Wenn man sich diese drei Eigenschaften und beispielhaften Anwendungen anschaut, wird klar: Der Laser hat großes und vielfältiges Potenzial. Was sich mit ihm noch alles anstellen lässt, haben Wissenschaftler und Entwickler seit den 1960er Jahren immer intensiver erforscht [7].

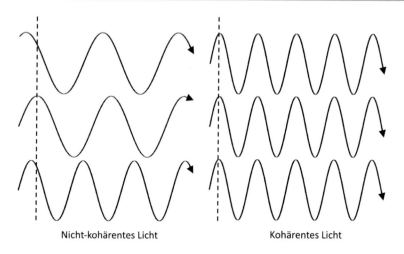

Nicht-kohärentes Licht   Kohärentes Licht

Abb. 2.4 Nicht-kohärentes Licht (links): Die Wellenberge liegen nicht auf einer Linie, die Wellenzüge schwingen unterschiedlich. Kohärentes Laserlicht (rechts): Die Wellenberge sind auf einer Linie, die Wellenzüge schwingen im gleichen Takt. (Quelle: Eigene Darstellung)

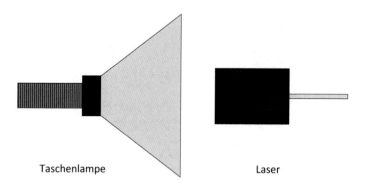

Taschenlampe   Laser

Abb. 2.5 Der Durchmesser des Lichtstrahls einer Taschenlampe wird immer größer (links). Der Durchmesser eines Laserstrahls bleibt auch über eine lange Strecke hinweg gleich (rechts). (Quelle: eigene Darstellung)

Der Durchbruch für kommerzielle Anwendungen im täglichen Leben, wie z. B. in CD-Playern, gelang dann endlich mit der Entwicklung der sogenannten Laserdiode. Auch sie basiert auf dem Grundprinzip der oben erklärten induzierten Emission. Allerdings haben die Physiker hier noch ein paar Kniffe eingebaut. Denn die Laserdiode verwendet als Medium einen

Halbleiter. Wie der Name erahnen lässt, kann so ein Halbleiter elektrische Spannung sowohl leiten, als auch isolieren – je nachdem auf welche äußeren Bedingungen er trifft. Ein beliebtes Halbleitermaterial ist Silizium. Das Highlight an dieser Erfindung ist: Dieser Halbleiter besteht aus zwei Schichten, zwischen denen aus elektrischer Spannung eine induzierte Emission entstehen kann. Diese wird durch einen Spiegel reflektiert und tritt nach außen.

Das vielleicht bedeutendste Resultat der bislang erklärten Technologie sind sogenannte optische Datenübertragungssysteme. Auch sie funktionieren mit Licht und können Informationen viel leichter übermitteln als herkömmliche Fernmeldekabel. Das schnelle Internet war hiermit erfunden. Das war der Startschuss für die Telekommunikationsrevolution des späten 20. Jahrhunderts. (Dazu mehr in Kap. 3)

Diese und weitere Entwicklungen mit enormem Veränderungspotenzial sollen auf den folgenden Seiten erklärt werden. Dabei beschränkt sich dieses Buch nicht auf Photonik-Erfindungen und ihren Einsatz in der Praxis. Auch die theoretischen Grundlagen werden anschaulich beschrieben. Denn wie oben schon gesagt: Wer die Photonik verstehen will, kommt um ein bisschen Physik nicht herum.

▶ Das müssen Sie wissen

- Seine besonderen Eigenschaften machen den Laser vielseitig einsetzbar.
- Sein Licht hat stets nur eine Wellenlänge, daher ist es monochromatisch, d. h. einfarbig.
- Laserlicht ist kohärent. Das bedeutet, die Wellen schwingen über eine lange Strecke hinweg im gleichen Takt, die Wellenberge liegen auf einer Linie.
- Laserlicht ist nicht-divergent. Das heißt, es verläuft annähernd parallel und strahlt nicht in alle Richtungen aus.
- Der Durchbruch in der kommerziellen Anwendung gelang schließlich mit der Laserdiode, die als Medium einen Halbleiter verwendet.

Besser kommunizieren: Datenübertragung mit Licht

3

Ohne Kommunikation über größere Strecken hinweg hätten wir es wohl nicht weit gebracht. Sie ist die Basis jeder wirtschaftlichen und politischen Entwicklung. Doch, dass es mit dieser Kommunikation so reibungslos und flott klappt, wie wir es mittlerweile gewohnt sind, ohne Zeitverzögerung, über Ländergrenzen und Ozeane hinweg, ist eine extrem junge Entwicklung in der Menschheitsgeschichte – und ohne Photonik gar nicht erst denkbar. Bis Mitte des 19. Jahrhunderts war es meistens doch noch die Postkutsche, die Informationen am schnellsten von A nach B brachte – mit einer Geschwindigkeit von also rund 10 km in der Stunde.

3.1   Vom Morsetelegrafen zum World Wide Web

Im Jahr 1837 war es mit dieser Langsamkeit dann endlich vorbei: Der US-Amerikaner und Kunstprofessor Samuel Morse erfand den Morsetelegrafen. Er sorgte dafür, dass Briefe immerhin schon nicht mehr vom Menschen bzw. Postkutschen selbst transportiert werden mussten. Die Verlegung unzähliger Telegrafendrähte ermöglichte dann sogar die teils flächendeckende Kommunikation in Echtzeit über, naja, immerhin rund 30 km hinweg.

Das Gerät funktioniert, indem es Signale durch elektrische Leitungen schickt. Dabei setzt es auf das simple Prinzip: Strom an oder Strom aus. Es gibt also nur zwei Möglichkeiten, 0 oder 1. Das bedeutet, der Sender kann hier nur eine Zeichensprache verschicken, die der Empfänger noch decodieren muss, wenn er sie verstehen will.

Ein gutes Beispiel für Kommunikation über Morsezeichen ist der SOS-Notruf, also dreimal kurz Strom an und wieder aus, dann dreimal lange Strom an und

© Springer Fachmedien Wiesbaden GmbH, ein Teil von Springer Nature 2019
P. Steglich und K. Heise, *Photonik einfach erklärt*, essentials,
https://doi.org/10.1007/978-3-658-27147-3_3

wieder aus und nochmal dreimal kurz an und wieder aus. Jetzt versteht jeder: Der Absender dieser Nachricht braucht Hilfe.

Diese Kommunikationseinheiten 0 und 1 bezeichnen Experten als Bits. Sie bestimmen bis heute wesentlich, wie Menschen über lange Strecken kommunizieren. Auch das Internet funktioniert bis heute nach diesem Prinzip. Doch dazu später mehr.

Denn erst einmal musste noch das Telefon entwickelt werden. Das war um das Jahr 1870. Oft heißt es, der US-Amerikaner Alexander Graham Bell sei der große Erfinder [8]. Ob das tatsächlich stimmt, ist mittlerweile allerdings umstritten. Denn auch die Italiener und Deutschen haben hier ihre Finger mit im Spiel gehabt. Jetzt konnten sich die Menschen also erstmals über weite Strecken hinweg direkt unterhalten. Das System dahinter funktioniert auch in diesem Fall ganz ähnlich wie der Morsetelegraf. Auch hier werden elektrische Signale versendet. Der wesentliche Unterschied: Diesmal wird der Schall – also die Sprache – in elektrische Signale umgewandelt – und am Ende der Leitung wieder zurück. Was vorne rein und hinten wieder herauskommt und für unsere Ohren gleich klingt, wurde für die Reise durch die Kabel also nur kurz in Strom umgewandelt. Das funktioniert so gut, dass wir das Telefon bis heute nutzen. Entwickler modernisieren es dennoch immer weiter und legten hiermit schließlich auch einen weiteren Grundstein für das Internet.

Der nächste Höhepunkt war also die Installation des World Wide Webs durch den britischen Physiker Tim Berners-Lee im Jahr 1991 [9]. Es erlaubte erstmals die Kommunikation zwischen Computern und Netzwerken. Mit der Erfindung des Browsers konnten diese Netzwerke dann sogar Laien verstehen und benutzen – eine Revolution für den menschlichen Alltag sowie die Industrie, die damals begann und immer noch rasant voranschreitet.

Trotzdem ist der Spaß schnell vorbei bzw. effektives Arbeiten kaum möglich, wenn die Daten zu langsam übertragen werden. In den frühen Anfängen waren träge Verbindungen auch in Städten noch ein gängiges Problem – auch wenn es eine stabile Internetleitung gab. Bis die Lichtphysiker kamen und das Problem lösten. Optische Kommunikation heißt das Stichwort. Das bedeutet, hier werden die Informationen nicht mehr mit elektrischen Signalen versendet, sondern mit Photonen.

Was jedoch auch die Lichtphysiker zunächst nicht änderten, war die Idee der Kommunikation nach dem Prinzip 0 und 1. Genau wie damals werden Informationen weiterhin bestimmten Signalen bzw. Impulsen zugeordnet. Jetzt sollte es einfach nicht mehr heißen, *Strom* an oder aus, sondern einfach nur noch *Licht* an oder aus.

Zusammengefasst bedeutet das: Datenübertragung über weite Strecken funktioniert heute im Prinzip genauso wie im 19. Jahrhundert. Das Prinzip ist noch genau dasselbe wie beim Morsetelegrafen. Glückwunsch, Samuel Morse, für diese geniale Idee!

3.2   Neue Kabel gesucht

Bis die Datenübertragung mit Licht allerdings so richtig gut funktionierte, dauerte es noch eine ganze Weile. Es fehlte einfach die richtige Hardware. Denn bislang waren die elektrischen Signale über Kupferkabel versendet worden. Diese eignen sich zwar prima dazu, Strom zu leiten. Für Licht sind sie hingegen wenig brauchbar. Es galt also erst einmal, ein geeignetes Lichtkabel zu finden. Aus welchem Material das am besten bestehen könnte, mussten Tüftler aber erst einmal herausfinden. Ein großes Ausprobieren begann.

Der irische Wissenschaftler John Tyndall versuchte es bereits 1870 zum Beispiel mit einer Wasserleitung. Auf den ersten Blick war das gar keine schlechte Idee. Der Forscher machte sich hier die sogenannte Totalreflexion zunutze. Diese tritt auf, wenn Licht in einem besonders flachen Winkel auf die Grenze zwischen Wasser und Luft trifft. Normalerweise ist Wasser natürlich lichtdurchlässig, es ist klar. Nur ein minimaler Teil des Lichts wird reflektiert, also zurückgeworfen, wie von einem Spiegel. Das wird zum Beispiel deutlich, wenn man an einem sonnigen Tag auf einen Pool blickt. Auch wenn dieser sehr tief ist, gelangt der Großteil des Lichts durch das Wasser, der Beckenboden wäre ja sonst dunkel. Gleichzeitig kann das Wasser die Augen blenden, wenn man direkt darauf schaut. Das wiederum ist der Beweis: Hier wird auch ein kleiner Teil des Lichts reflektiert.

Dieses Zusammenspiel von Licht und Wasser ändert sich allerdings, wenn das Licht in einem *besonders flachen* Winkel aus dem Wasser heraus gestrahlt wird. Dann wird es (fast) vollständig reflektiert, es kann also nicht aus dem Wasser entkommen. Das ist Totalreflexion. Warum das klappt? Für Photoniker ist das schnell beantwortet. Es liegt am Brechungsindex. Denn der Brechungsindex des Wassers ($n_{Wasser} \approx 1,33$) ist größer, als jener der Luft ($n_{Luft} \approx 1$).

Physiker hantieren ständig mit solchen Brechungsindizes herum, weshalb sie hier kurz erklärt werden sollen. Der Brechungsindex beschreibt – vereinfacht gesagt –, wie unterschiedlich sich das Licht ausbreitet oder seine Richtung ändert, wenn es auf bestimmte Stoffe trifft. Dieses Wissen also über verschiedene Brechungsindizes nutzte auch der irische Erfinder Tyndall und schickte sein Licht in einem besonders flachen Winkel durch einen Wasserstrahl. Und es funktionierte. Das Licht wurde an der Grenze zwischen Luft und Wasser vollständig reflektiert. Anstatt also aus dem Wasser auszutreten, wurde es zurückgeworfen bis zur Wassergrenze auf der anderen Seite – und wieder zurück. Das Licht kann das Wasser also nicht verlassen, bewegt sich aber fort. Dem Licht bleibt jetzt also nichts anderes übrig, als dem Verlauf des Wasserstrahls zu folgen, egal wohin es fließt und auch wenn es um die Kurve geht (Abb. 3.1).

Et voilà, hier war es gelungen, Licht mit Wasser zu leiten bzw. Information von A nach B zu transportieren. Doch so schnell war die Suche nach dem perfekten Lichtkabel leider nicht beendet. Denn schnell traten erste Probleme auf: Erstens ist das Medium Wasser schrecklich störanfällig. Wasserleitungen funktionieren nur als Strahl, das heißt, hier müsste Druck aufgebaut bzw. Energie aufgewendet werden.

Ein noch größeres Problem war allerdings nicht das Wasser selbst, sondern das Licht. Denn die Wissenschaftler hatten eine normale Lichtquelle verwendet, um die Photonen durch das Wasser zu jagen. Was auch sonst? Der erste Laser wurde ja erst ein paar Jahre später gebaut. Zur Erinnerung: John Tyndall erdachte seine Licht-Wasser-Leitung schon um das Jahr 1870 und der erste Laser wurde erst 1960 von Maiman umgesetzt [7].

Mit normalem Licht allerdings war die ganze Apparatur reichlich unbrauchbar, wie sich schnell herausstellte. Denn ein großer Teil des ausgestrahlten Lichts ging einfach verloren. Der Grund dafür ist eine der besonderen Eigenschaften des

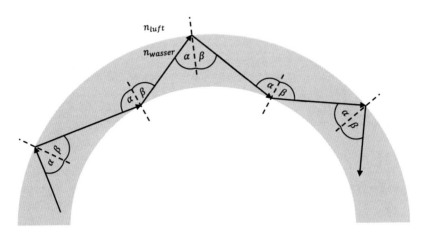

Abb. 3.1 Das Licht wird dank der Totalreflexion durch Wasser geleitet. Das klappt sogar in einem gekrümmten Strahl. (Quelle: eigene Darstellung)

Lichts: Es ist divergent. Das heißt, es strahlt in alle Richtungen (Wer sich nicht mehr erinnert, liest schnell in Abschn. 1.1 nach.).

Kurzum: Die Idee der Datenübertragung mit Licht funktionierte also einerseits tatsächlich. Allerdings war sowohl die Lichtquelle als auch das Übertragungsmedium noch suboptimal. Diese Wasser-Licht-Technologie war also mäßig erfolgreich und konnte daher nie industriell eingesetzt werden.

3.3 Die Geburt der Glasfaser

Wasser als Datenmedium für Licht ist also nicht geeignet. Ich weiß aber, wie es bessergehen könnte, dachte sich der deutsche Physiker Manfred Börner im Jahr 1965. Und tatsächlich führte er für die Datenübertragung zwei wesentliche Komponenten ein, die bis heute im Einsatz sind. Statt der normalen Lichtquelle verwendete er erstmals einen Laser. Wie gut, dass dieser seit 1960 endlich verfügbar war. (Schnell nachlesen in Abschn. 1.3) Hier war die geringe Divergenz des Lichtstrahls gegeben. Jetzt konnte das Licht endlich gebündelt ausgesendet werden. Das Problem der hohen Verluste war also gelöst.

Und er hatte noch eine gute Idee. Statt des Wassers als Medium wählte er erstmals Glasfasern. Das sind lange dünne Fäden, die aus geschmolzenem Glas hergestellt werden. Sie haben dieselbe Eigenschaft wie Wasser, wenn es darum geht, mithilfe der Totalreflexion Licht zu leiten. Gleichzeitig können sie wie ordinäre Kupferkabel einfach unter der Erde verlegt werden. Sie sind kostengünstig und kaum störanfällig, wenn sie wie folgt aufgebaut sind:

Ein typisches Glasfaserkabel, wie es heute überall auf der Welt genutzt wird, besteht aus einem Glasfaserkern, der von einem Glasfasermantel umhüllt ist. Dabei muss das Material des Mantels einen kleineren Brechungsindex besitzen als das Material des Kerns. Dann klappt es hier auch mit der Totalreflexion. Um das Ganze vor äußeren Einflüssen zu schützen und um zu verhindern, dass Kratzer entstehen oder Schmutz und Feuchtigkeit eindringen, wird die gesamte Faser mit einer Schutzschicht umhüllt. Der gesamte Aufbau ist in Abb. 3.2 gezeigt.

Manfred Börner baute also ein solches Glasfaserkabel und schickte einen Laserstrahl hindurch. Hier hatte er jetzt ein optisches Datenübertragungssystem gebaut, das tatsächlich funktionierte. Um es für den Einsatz im Alltag und vor allem in der Industrie vorzubereiten, installierte er dann am Ende der Glasfaserkabel noch Lichtsensoren, auch Fotodetektoren genannt (s. Abb. 3.3). Das sind kleine Geräte, die das Licht des Lasers in elektrische Signale umwandeln. Der Grund für das Umwandeln ist simpel. Alle üblichen Endgeräte wie das Internetmodem, das Telefon bzw. Computer funktionieren ihrerseits *nur* mit

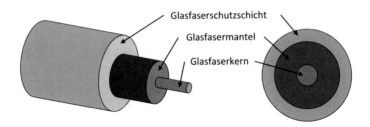

Abb. 3.2 Mit der Glasfaser wurde ein brauchbares Kabel entwickelt, um Licht zu leiten. (Quelle: eigene Darstellung)

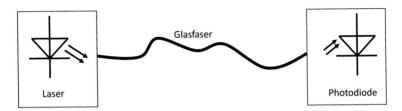

Abb. 3.3 Optoelektronisches Lichtwellenleitersystem nach Manfred Börner: Das Licht eines Lasers wird durch eine Glasfaser geschickt und mit einer Fotodiode in Strom umgewandelt. (Quelle: eigene Darstellung)

Strom – und können *nur* auf diesem Weg die Signale der Glasfaserkabel empfangen und weiterverarbeiten.

Um zu verstehen, wie diese Umwandlung von Licht zu Strom funktioniert, muss man allerdings den sogenannten Fotoeffekt kennen. Dabei geben die Photonen ihre Energie an Elektronen ab, mit dem Ergebnis, dass hier mehr Strom fließen kann. Das klappt aber nur in sogenannten Halbleitermaterialien, wie zum Beispiel Silizium. Die Physik dahinter: Das Halbleitermaterial bringt die Elektronen in einen bestimmten Energiezustand, der es ihnen schwermacht, sich zu bewegen. Sie sind so „lahm", dass sie als Stromfluss kaum messbar sind. Um das zu ändern, müssen sie in ein – wie Physiker sagen – höheres Energieband gehoben werden. Und das bekommen sie eben nur mithilfe der Photonen hin.

Doch jetzt wieder zurück zu Börners Idee. Er hatte hier also nicht nur ein Datenübertragungsprinzip erdacht, das viel besser als die Idee mit dem Wasser funktionierte und weite Strecken überwinden konnte. Er präsentierte vielmehr das erste so genannte *optoelektronische* System – also einen Lichtwellenleiter, der nicht nur mit optischen, sondern auch mit elektronischen Bauteilen arbeitete und damit schnell auch für die Industrie und den Endverbraucher nutzbar war.

1967 meldete Börner seine grandiose Idee für das Unternehmen AEG-Tele-funken zum Patent an [10]. Damit trat es dann endlich aus der experimentellen Phase in die der technischen Realisierung – und zwar bis heute. Auch aktuell arbeiten alle optischen Weitverkehrsübertragungssysteme nach diesem von Manfred Börner vorgeschlagenen Systemprinzip.

Trotzdem können Wissenschaftler und Entwickler es bis heute nicht lassen, hieran noch weiter herumzutüfteln. Immer schneller, immer besser, immer sicherer soll es sein. Und tatsächlich stellte sich bereits oft genug heraus: Da geht noch was.

Die erste Idee, die Datenübertragung zu verbessern, war dabei sogar ziemlich banal. Denn für Börners erstes System hatten die Entwickler kein sauberes Glas verwendet. Minimale Kratzer, Risse und Unebenheiten waren schuld, dass ziemlich viel Licht einfach verloren ging. Denn, wenn das Licht auf eine solche Schadstelle trifft, so wird es teilweise in alle Richtungen gestreut und kann nicht weiter in der Glasfaser geleitet werden. Hier hat der US-amerikanisch-britische Physiker Charles Kuen Kao im Jahr 1966 erstmals genauer hingeschaut und einfach besseres Glas hergestellt. Problem gelöst. Dafür und für weitere Entwicklungen in der Glasfasertechnik hat er 2009 den Nobelpreis bekommen.

Noch eine geniale Idee, die Datenübertragung zu verbessern, sind so genannte optische Verstärker. Sie sollen das Problem lösen, dass das Licht mit der Zeit bzw. Strecke an Intensität verliert. Dafür wurden zunächst sogenannte Zwischenstationen eingerichtet. Sie wandelten das ankommende Licht erst in ein elektrisches und dann wieder in ein Lichtsignal um (Abb. 3.4a). Dadurch gewann es seine anfängliche Stärke zurück und konnte über eine weitere lange Strecke übertragen werden. Doch war diese Lösung irgendwie nicht das Richtige. Das Problem: Diese Zwischenstationen erhöhten die Übertragungszeit der Daten erheblich.

Um dieses Problem zu beheben, erfanden die Tüftler ein System, bei dem man die störenden Zwischenstationen einfach weglassen konnte: den so genannten erbiumdotierten Faserverstärker (Abb. 3.4b). Hier besteht ein Teil des Kabels aus einem laseraktiven Material, dem Erbium, das das Signal laufend und ohne Unterbrechung verstärkt. Das funktioniert nach einem physikalischen Prinzip, das hier schon ausführlich erklärt wurde: die stimulierte Emission. Denn das Erbium reagiert auf das ankommende Licht, indem es selbst Licht emittiert – und schon wird das Signal verstärkt. Das sorgt für „besseres" Licht ohne Zeitverlust.

Jetzt war es also möglich, das Licht ohne Unterbrechung noch schneller über noch weitere Strecken zu leiten. Weil dieses System mittlerweile so zuverlässig funktionierte, kam es auch bald auf der längsten Übertragungsstrecke der Welt, auf der Transatlantikstrecke zwischen Europa und den USA, zum Einsatz. Reife Leistung.

Doch Erfinder weltweit wären wohl keine richtigen Erfinder, wenn sie sich jetzt damit zufrieden gäben. Also ging das große Tüfteln und Entwickeln weiter,

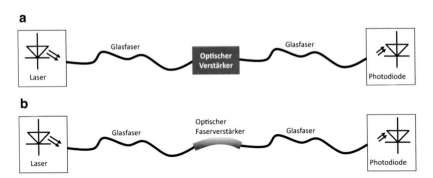

Abb. 3.4 Optoelektronische Lichtwellensysteme mit optischen Verstärkern. **a** Die ersten Systeme verlangsamten den Datenfluss, da sie auf elektronische Bauelemente zurückgriffen. **b** Der erbium-dotierte Faserverstärker brachte schließlich den Durchbruch – ganz ohne Zeitverlust. (Quelle: eigene Darstellung)

um herauszufinden, wie sich die Datenübertragung *noch mehr* verbessern ließe. Jetzt könnte man doch an der Übertragungskapazität ansetzen und versuchen, diese weiter zu erhöhen, fanden sie. Man wollte also versuchen, nicht immer nur ein Signal, sondern viele, viele Daten gleichzeitig durchs Kabel zu jagen. Die Idee dahinter: Man könnte ja nicht einfach nur eine Wellenlänge versenden, sondern mehrere gleichzeitig – und dafür trotzdem nur eine einzige Glasfaser verwenden. Dabei sollte jede Wellenlänge eine andere Information übermitteln. So ließe sich die Übertragungskapazität tatsächlich vervielfachen.

Die Technik dahinter funktioniert, indem zunächst alle Wellenlängen zusammengeführt werden. Das nennt sich Multiplexing. Erst beim Empfänger werden die Wellenlängen wieder aufgeteilt. Das heißt dann De-Multiplexing. Abb. 3.5 zeigt, wie das tatsächlich funktioniert, und zwar für gleich drei verschiedene Wellenlängen. Und ja, das hat die Qualität bzw. Geschwindigkeit der Internetverbindung noch ein weiteres Mal verbessert.

Doch – man ahnt es schon – die (Weiter-)Entwicklung der Glasfaserübertragung ist auch bis heute noch nicht abgeschlossen. Jetzt haben die Forscher zum Beispiel die Glasfaser selbst noch einmal unter die Lupe genommen. Aktuell wird zum Beispiel mit einer Glasfaser experimentiert, deren Kern mit Löchern durchsetzt ist. Hier wird das Licht nicht nur im Material geleitet, sondern auch in den Löchern bzw. in einem weiteren größeren Loch in der Mitte des Faserkerns (s. Abb. 3.6). Das wirkt sich tatsächlich noch einmal wie ein regelrechter Turbo auf die Geschwindigkeit der Datenübertragung aus.

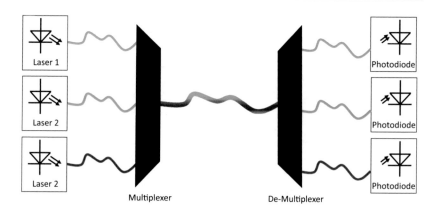

Laser 1

Laser 2

Laser 2

Multiplexer

De-Multiplexer

Photodiode

Photodiode

Photodiode

Abb. 3.5 Um die Datenkapazität zu erhöhen, werden Lichtsignale unterschiedlicher Wellenlänge zusammengeführt, durch eine einzige Glasfaser geschickt und am Ende wieder aufgeteilt. (Quelle: eigene Darstellung)

Abb. 3.6 Bei der sogenannten Hohlraumfaser wird das Licht in einem Loch in der Mitte des Faserkerns geleitet. (Quelle: eigene Darstellung)

Die Theorie dahinter: Bekanntlich ist Licht mit etwa 300.000.000 m pro Sekunde extrem schnell. Diese Geschwindigkeit erreicht es aber nur im Idealzustand, das bedeutet im Vakuum. Vakuum steht dabei für die Abwesenheit von Materie, von Luft oder Gas. Hier ist also einfach nichts, dass das Licht stören könnte.

Aktuell jedoch schicken wir das Licht aber nicht durch das ideale Vakuum, sondern eben durch die Glasfaser. Diese ist zwar für die Datenübertragung einerseits gut geeignet, aber dennoch alles andere als ideal. Ihr Material bremst – trotz aller Optimierung – leider weiterhin erheblich. Tatsächlich fließt hierdurch das

Licht um rund dreißig Prozent langsamer. Das hat etwas mit dem berühmten Brechungsindex zu tun. Denn merke: Umso kleiner der Brechungsindex des Mediums, das das Licht leitet, desto schneller kann sich das Licht bewegen.

In Formeln ausgedrückt, heißt das: Die Lichtgeschwindigkeit im Vakuum beträgt $c \approx 300.000$ km/s. In einem Medium (hier also die Glasfaser) verringert sich die Lichtgeschwindigkeit zu $c_m = \frac{c}{n}$, wobei n der Brechungsindex des Mediums ist und c_m für die Lichtgeschwindigkeit im Medium steht. Der Brechungsindex in Glas liegt bei etwa $n \approx 1,5$, womit die Lichtgeschwindigkeit im Medium $c_m = \frac{c}{n} = \frac{c}{1,5} = 200.000$ km/s beträgt.

Da liegt die Lösung also eigentlich klar auf der Hand: Man müsste das Licht einfach im Vakuum leiten. Doch das zu realisieren, ist leider nicht so einfach. Denn um solch ein Vakuum zu erzeugen, müsste erst die gesamte Luft aus dem Kabel gesaugt werden. Aber es geht auch weniger kompliziert. Ganz einfach mit Luft. Denn in Luft ist der Brechungsindex nicht viel geringer als im Vakuum ($n \approx 1$). Konkret heißt das, die Lichtgeschwindigkeit im Medium Luft beträgt $c_m = \frac{c}{n} = \frac{c}{1} = c = 300.000$ km/s. Kurz: In der Luft wird das Licht fast nicht abgebremst und wäre damit zur Datenübertragung besser geeignet als Glas bzw. Silizium.

Das haben sich auch Forscher der Universität Southampton überlegt und 2013 eine hohle, nur mit Luft gefüllte Glasfaser entwickelt [11]. Hier könnten Daten mit einer Geschwindigkeit von etwa 99,7 % der Lichtgeschwindigkeit im Vakuum reisen. So könnten Informationen also *noch* schneller bzw. noch mehr Daten in der gleichen Zeit übertragen werden. In der Theorie. Denn bislang scheitert es noch an der Umsetzung. Aktuell lassen sich solche hohlen Spezialfasern technisch nur sehr aufwendig und teuer herstellen.

Und es gibt noch eine Idee, die eigentlich ziemlich genial klingt, aber ebenfalls noch in den Elfenbeintürmen der Forschungsinstitute festhängt: die sogenannte optische Freiraumkommunikation. Eigentlich gibt es diese ja bereits in Form von zum Beispiel Bluetooth. Das kann jedes Handy. Allerdings ist hier schnell Schluss mit der Reichweite – und zwar schon nach zehn bzw. höchstens hundert Metern.

Die Entwickler dachten deshalb eher daran, Daten ohne jedes Kabel mit dem Laserstrahl selbst reisen zu lassen. Sie könnten so über große Entfernungen durch den freien Raum rasen, ohne an einen festen Körper gebunden zu sein. Das Ergebnis wäre eine noch schnellere Informationsverarbeitung.

Aktuell ist das vor allem ein Thema für die Raumforschung und die Datenübertragung im Weltall. Doch so weit sind wir in der täglichen Nutzung für Alltag und Industrie noch lange nicht. Kurz: Für jetzt muss das Glasfaserkabel erst einmal noch reichen.

▶ **Das müssen Sie wissen**

- Morsetelegrafen versenden 1837 erstmals einfachste elektrische Signale: Strom an oder aus, bzw. 0 oder 1.
- Auch das Internet funktioniert nach demselben 0 und 1-Prinzip. Allerdings werden die Informationen heute nicht mehr mit elektrischen Signalen versendet, sondern mit Licht. Die Kabel bestehen dabei vor allem aus Glasfasern.

Besser surfen: das Quanteninternet

4

Die Idee der Photoniker, um dieses Problem zu lösen, nennt sich das ‚Quanteninternet'. Sie sind sich sicher, hiermit ließen sich absolut abhörsicher Daten versenden. Eine gute Sache also. Dazu planen sie nichts weniger, als einen der Grundpfeiler der gesamten Telekommunikationsgeschichte einzureißen: die Signale 0 und 1. Auf diesen grundlegenden Informationseinheiten basierte bekanntermaßen bereits die Morsetechnik, darauf baut das Telefon auf – und bislang funktioniert auch das Internet weltweit nach diesem Prinzip.

Aber bevor es hier ans Eingemachte geht: Was sind eigentlich Quanten, mit denen das Quanteninternet funktionieren soll? Die Antwort ist eigentlich recht simpel. Ein Quant ist etwas, das nicht in zwei Teile geteilt werden kann. Dazu gehört zum Beispiel ein Elektron oder eben auch ein Photon.

Und mit solchen Quanten schicken sich die Photoniker jetzt an, die Art, wie wir kommunizieren, noch einmal völlig umzukrempeln. Bisher wurden durch die Glasfasern immer viele Photonen gleichzeitig geschickt, es handelte sich um einen regelrechten Lichtfluss. Wie in Kap. 3 beschrieben, ging es den Entwicklern dabei jahrzehntelang darum, Datenkommunikation so hinzubekommen, dass möglichst wenig von dieser Photonenmasse verloren ging. Aber bekanntlich schaffen es bis heute auch die besten Glasfaserkabel nicht ganz ohne Verluste.

Die Quanteninformationstechniker allerdings sind überzeugt, dass eigentlich ein einziges Photon – ein Quant also – reichen müsste, um ein Signal durch das Kabel zu senden. Die Experten sprechen hier von Quantenbits oder Qubits.

Und da kommt die Idee mit der abhörsicheren Kommunikation ins Spiel: Schickt der Sender nur ein Photon ab – und kommt dieses auch beim Empfänger an, ist klar: Hier ist nichts verlorengegangen, die Information ist also *allein* bei dem für ihn bestimmten Empfänger eingetroffen und nicht von einem Dritten abgefangen worden. Das funktioniert mit einem für Laien auf den ersten Blick

© Springer Fachmedien Wiesbaden GmbH, ein Teil von Springer Nature 2019
P. Steglich und K. Heise, *Photonik einfach erklärt,* essentials,
https://doi.org/10.1007/978-3-658-27147-3_4

unmöglichen Kunststück der Quanten – bzw. in diesem Fall Photonen. Denn zwei Photonen können gleichzeitig weit voneinander entfernt sein, aber trotzdem noch miteinander in Verbindung stehen. Und wenn das der Fall ist, kopiert das eine Photon die Eigenschaften des anderen. Auch wenn es zum Beispiel auf der anderen Seite der Erde ist. Irgendwie.

Das passt gar nicht zu dem Bild, dass sich die meisten Menschen heutzutage von der Realität machen? Richtig. Stimmt aber trotzdem. Das war übrigens auch Albert Einstein schon aufgefallen – diese ominöse Möglichkeit der Quantenteleportation. Was genau dahinter steckt, ist aber auch Wissenschaftlern bis heute nicht ganz klar [12].

Trotzdem arbeiten Forscher bereits seit Jahren mit diesen Tatsachen und nutzen sie für die Tüftelei am abhörsicheren Quanteninternet. Forscher aus Wien haben beispielsweise schon im Jahr 2004 eine quantenkryptografische – und damit vollkommen sichere – Banküberweisung durchgeführt. In der Schweiz können Unternehmen oder Regierungen längst sogenannte Quantenkryptografiesysteme einfach im Laden kaufen, was einige auch tun und nutzen, um ihre Geheimnisse besonders gut zu schützen. Doch müssen diese Nutzer noch mit einer nicht unerheblichen Einschränkung leben. Die aktuell käuflichen Geräte erlauben abhörsichere Kommunikation nur über kurze Strecken. Wir sprechen hier tatsächlich von lediglich ein paar Dutzenden Kilometern. Da ist also noch ordentlich Luft nach oben.

4.1 Neue Hardware gesucht: der Quantenrepeater

So avantgardistisch wie die Idee vom Quanteninternet klingt: Auch die mutigsten Denker müssen stets die praktische Umsetzung solcher neuen Techniken im Blick haben. Das heißt, diese muss auch für die breite Bevölkerung und Industrie sinnvoll nutzbar sein. Daher wäre es hilfreich, wenn auch für das Quanteninternet die bis dato mühsam aufgebaute Infrastruktur der Glasfaserkabel weiterhin genutzt werden könnte – und nicht erst ein neues, teures System weltweit etabliert werden müsste. Stellt sich allerdings die Frage, ob Glasfaserkabel überhaupt geeignet sind, Quanteninformationen auszutauschen.

Das könnte schon klappen, sind sich Wissenschaftler weltweit sicher. Eigentlich – denn einen Haken gibt es dann doch noch. Das Photon im Quanteninternet tut nur dann, was es soll, wenn es in einem bestimmten Zustand gehalten werden kann – und zwar auch während es durch eine Glasfaser geleitet wird. Doch das ist gar nicht so einfach. Denn hier wird eine altbekannte Tatsache zu einem richtigen Problem: Wird ein Photon durch eine Glasfaser zum Empfänger geschickt, dann kann es nach einer Weile verloren gehen. Also müsste eben auch hier wieder ein Verstärker her, oder? Einerseits, ja. Andererseits würde auch der beste existierende Verstärker schon wieder zum nächsten Problem führen: Der Zustand des Photons und damit die Information, die das Photon trägt, darf auf keinen Fall verändert werden. Die herkömmlichen Systeme würde allerdings genau das tun. Hier muss also eine neue Verstärkertechnik her. Wissenschaftler forschen deshalb längst an einem speziellen Quantenverstärker, dem sogenannten Quantenrepeater [13].

Solch ein System könnte sich zum Beispiel mit der sogenannten ‚spukhaften Fernwirkung' in die Realität umsetzen lassen. Dabei handelt es sich um ein regelrecht geisterhaftes Phänomen, das übrigens auch Einstein schon gekannt hat. Diese spukhafte Fernwirkung steht für die Tatsache, dass zwei Quanten miteinander in Verbindung stehen können, obwohl sie räumlich voneinander getrennt sind – und eigentlich gar nichts miteinander zu tun haben. Warum das so ist, bleibt der Wissenschaft bis heute unklar. Dennoch wollen Forscher das Prinzip für ihre Quantenrepeater nutzen.

Das haben sie sich in der Praxis folgendermaßen vorgestellt: Ein Photon mit einer konkreten Information, sagen wir, es kommt aus einem europäischen Land, gleitet durch die Glasfaser, bis es auf einen solchen Repeater trifft. Hier ist ein sogenannter Quantenspeicher eingebaut. An diesem kann das Photon seine Information parken. Gleichzeitig kommt ein Photon aus der anderen Richtung, sagen wir aus den USA, und trifft seinerseits auf einen Repeater, um hier Informationen zu speichern.

Mithilfe der spukhaften Fernwirkungen wäre es jetzt möglich, diese beiden Photonen miteinander zu koppeln. So könnte man Netzwerke von beiden Seiten des Kontinents miteinander verbinden. Dieses Verfahren ließe sich vervielfachen, bis ein reger Datentransfer entstünde. Mit Quantenrepeatern könnten Daten über weite Strecken also im wahrsten Sinne des Wortes teleportiert werden. Dabei ist und bleibt es rätselhaft, dass die Photonen Informationen austauschen, ohne sich jemals zu begegnen. Klingt ziemlich kompliziert – und ist es auch. Egal. Solch ein Netzwerk wäre extrem schnell und extrem sicher.

Könnte also ein solches Gerät gebaut werden, wäre man dem Quanteninternet ein großes Stück näher. Wie schwer das allerdings dann doch ist, zeigt die Tatsache, dass die Idee dahinter bereits viele Jahre alt ist, aber noch nicht in die Praxis umgesetzt wurde.

Fakt ist: Bis heute konnte niemand ein zuverlässiges System präsentieren, das flächendeckend brauchbar ist. Wissenschaftler und Entwickler zerbrechen sich weltweit den Kopf, wie der Quantenrepeater sich tatsächlich bauen ließe. Zwar haben sie einige Konzepte und Einfälle bereits ausprobiert, doch war keine Idee bislang erfolgreich.

Trotzdem geben die Forscher, wie zum Beispiel die Wissenschaftler am Forschungszentrum Qutech im niederländischen Delft, nicht auf. Sie glauben fest daran, dass sie es schaffen werden, ein vollkommen abhörsicheres Quanteninternet zu kreieren. Bis zum Jahr 2030 soll es soweit sein. Und einen Namen haben sie auch schon: „Web Q.0" soll es heißen [14].

4.2   Besser als jeder Superrechner: der Quantencomputer

Während es mit dem Quanteninternet dann also doch noch ein Weilchen dauern dürfte, haben einige Entwickler noch ganz andere Ideen, wie man Quanten in der Informationstechnologie einsetzen könnte: zum Beispiel zum Bauen extrem leistungsstarker Supercomputer. Diese könnten deutlich mehr als jeder heute bekannte Großrechner. Dabei würden solche Quantencomputer nicht auf die üblichen Bits als Speichereinheit setzen, sondern vielmehr auf sogenannte Qubits. Doch dazu müssten sie auch diesmal wieder ein paar Grundsätze des physikalischen Allgemeinwissens auf den Kopf stellen.

Denn ein solches Qubit ist nicht nur 0 oder 1, sondern vielmehr 0 und 1 gleichzeitig. Das ist der Grund, warum sich hiermit deutlich mehr erreichen lässt als mit herkömmlichen Rechnern. Um eine Vorstellung davon zu bekommen: 300 Quantenbits eines Quantencomputers wären theoretisch genauso leistungsfähig wie ein herkömmlicher Computer, der alle Atome im Universum als Speicherzellen nutzt. Das ist für den menschlichen Verstand im ersten Moment kaum vorstellbar.

Wer sich also in Sachen Quantentechnik ein klein wenig auskennt, darf schon heute von Super-Hochleistungsrechnern träumen, die durch ein absolut abhörsicheres Quanteninternet miteinander verbunden sind. Irgendwann wird es soweit sein.

▶ **Das müssen Sie wissen**

- Ein Quant ist dadurch definiert, dass es sich nicht in zwei Teile zertrennen lässt. Auch Photonen sind Quanten.
- Forscher arbeiten am Quanteninternet und setzen dabei nicht auf die Signale 0 und 1, sondern einzelne Quanten als Informationseinheit. Der Vorteil: Es wäre absolut abhörsicher.
- Bislang scheitert das Quanteninternet an einem funktionierenden Quantenrepeater.
- Sogenannte Quantencomputer wären deutlich leistungsfähiger als jeder aktuelle Hochleistungsrechner.

Besser Leben retten: Photonik in der Medizin

Ein großer Segen für die Menschheit ist die Photonik in Sachen Gesundheit. Schon kurz nach der Entwicklung des ersten Lasers untersuchten Wissenschaftler, wie dessen Strahlen lebendiges Gewebe beeinflussen. Heute sind die Forscher soweit, dass sie mit seiner Hilfe jeden Tag dazu beitragen, Leben zu retten und zu erhalten – und zwar auf höchst vielfältige Weise. Dabei nutzen Mediziner vor allem die Möglichkeit, Laserstrahlen auf sehr kleinem Raum und dennoch mit extremer Intensität einzusetzen.

5.1 Hochpräzise operieren

Zu den vielleicht bekanntesten OPs mit Licht gehört das „Weglasern" von Fehlsichtigkeit. Die in Deutschland am weitesten verbreitete Methode ist das sogenannte Lasik-Verfahren, hierzulande erstmals 1993 eingeführt [15]. Dabei schneidet ein Arzt mit einem Laser einen Halbkreis in die Hornhaut des Auges. Dann klappt er diesen „Deckel" auf. Ein weiterer Laser schleift die Hornhaut darunter ganz leicht ab. Klingt simpel, doch würde solch eine Technik niemals mit einem Messer funktionieren, sei es noch so filigran. Denn um hier so präzise zu arbeiten wie nötig und den gewünschten Effekt zu erzielen, kommt es genau auf ein paar Tausendstel Millimeter an, die weg müssen – nicht mehr und nicht weniger. Schon das ändert die Brechkraft des Auges. Denn jetzt trifft das Licht wieder im richtigen Winkel auf das Auge. So lässt sich die Sehkraft deutlich verbessern.

Diese OP gehört also längst zur medizinischen Routine. Doch die Ideen der Lichtphysiker, auf der sie basiert, klingen eigentlich eher, als würden sie der weit entfernten Zukunft oder einem Science-Fiction-Film entstammen. Denn die Methode nutzt die Technik der ultrakurzen, hochintensiven Laserpulse. Damit dieses Licht so extrem wirksam wird, muss es regelrecht gestaucht werden. Um

© Springer Fachmedien Wiesbaden GmbH, ein Teil von Springer Nature 2019
P. Steglich und K. Heise, *Photonik einfach erklärt,* essentials,
https://doi.org/10.1007/978-3-658-27147-3_5

das zu erreichen, muss Folgendes passieren – und Achtung, jetzt wird's spannend: Die Entwickler mussten die Laserpulse *in der Zeit* ausdehnen, verstärken und wieder zusammenstauchen. Allein das macht die Lichtblitze so extrem intensiv. Warum? Weil auch hier der Grundsatz gilt, Leistung ist gleich getane Arbeit in einer bestimmten Zeit. Umso schneller diese Arbeit erledigt wird, desto größer ist die Leistung. Das gilt auch für das Licht. Umso mehr Photonen in kürzester Zeit transportiert werden oder auf eine Oberfläche treffen, desto intensiver wirken sie. Jetzt kommen aus dem OP-Gerät also Laserstrahlen, die extrem stark, aber auch extrem kurz sind – und zwar nur eine Femtosekunde lang. Das sind Billiardstel Sekunden, viel, viel kürzer noch als Nanosekunden. Diese kurzen Lichtblitze tragen jedoch genauso viel Licht wie ein langer Lichtblitz. Das macht sie so extrem hell und intensiv.

Ein weiterer Grund für die Stauchung: Mit Femtosekunden-Blitzen lässt sich deutlich schonender operieren als mit längeren Lichtpulsen. Längere Lichtpulse würden die bearbeitete Fläche zu schnell erwärmen und damit beschädigen. Femtosekunden-Laser hingegen können schonend hochpräzise Atom für Atom abtragen und sind damit besser als jedes Skalpell.

5.2   Die beste Pinzette der Welt

Eine ganz andere, aber nicht weniger spektakuläre Erfindung, vor allem für die Biomedizin ist die Laserpinzette. Sie kann winzig kleine Objekte, wie Viren oder Bakterien, ergreifen und bewegen. Wie mit einer echten Pinzette eben. Jede herkömmliche Pinzette, sei sie noch so klein, würde das nicht schaffen, ohne die Forschungsobjekte zu beschädigen. So kann das Leben auf mikrobiologischer Ebene so präzise wie nie zuvor erforscht werden. Das macht die Erfindung zur besten Pinzette der Welt.

Sie funktioniert mit dem sogenannten Strahlungsdruck, also der Kraft des Laserlichts. Mit diesem Druck lassen sich kleinste Teilchen verschieben. Der US-amerikanische Experimentalphysiker Arthur Ashkin begann schon in den 1960er Jahren damit zu experimentieren [16]. Bald fand er heraus, dass die kleinen Objekte vom Licht dorthin gezogen werden, wo es am stärksten ist – genau in die Mitte des Laserstrahls.

Mit diesem Wissen baute Ashkin seine Pinzette. Mit einer Linse bündelte er zunächst das Laserlicht. Das zwang die Kügelchen in seiner Mitte zu bleiben. Und voilà: So konnte er seine Miniforschungsobjekte festhalten, wie mit einer Pinzette. Mit dieser lassen sich zum Beispiel Krebszellen „halten" und von allen Seiten drehen, damit sie genau untersucht werden können. Hierfür hat Ashkin 2018 den Nobelpreis erhalten.

5.3 Krebs-Diagnose mit dem Handy

Eine weitere Lieblingsbaustelle der Lichtmedizin ist ohne Zweifel die Haut. Schon Anfang der 1960er Jahre versuchte der US-amerikanische Arzt Leon Goldmann Hautveränderungen mit den intensiven Strahlen zu heilen [17].

Heute setzen Mediziner zum Beispiel Laser ein, um Tätowierungen oder Pigmentflecken zu entfernen. Dabei machen sie sich zunutze, dass die Farbpigmente in den Hautzellen auf Licht reagieren, vor allem auf rote Laserstrahlen. Schon noch einigen Anwendungen fängt der Körper an, die unliebsame Farbe abzubauen, unerwünschte Verfärbungen verschwinden.

Recht neu ist hingegen die Idee, das Laserlicht auf der Haut auch zur Hautkrebsdiagnostik anzuwenden. Bislang wurde bei Verdacht auf eine bösartige Hautveränderung stets eine Biopsie gemacht. Es wurde also operiert. Nur so konnte die verdächtige Stelle unter dem Mikroskop untersucht werden. Das heißt, manchmal wurde eben auch umsonst betäubt, geschnitten und genäht. Die Narbe blieb trotzdem.

In Berlin entwickelten Wissenschaftler jetzt ein Analysegerät, das bösartigen Hautkrebs innerhalb von wenigen Augenblicken erkennen kann – und zwar ohne, dass ein Messer zum Einsatz kommt. Eine neue Lasertechnologie macht ihn deutlich sichtbar, künstliche Intelligenz wertet das Ergebnis innerhalb von Minuten aus.

Die Entwickler tüfteln nun sogar bereits an einer Smartphone-App, mit der sich Patienten ganz einfach selbst testen können.

5.4 Den Herzschlag mit Licht messen

Eine relativ simples, aber nicht weniger wichtiges optisches Gerät, das mittlerweile zur Grundausstattung jedes Krankenhauses, jeder Arztpraxis und auch jedes Rettungswagens gehört, ist das Pulsmessgerät. Hier lässt sich mit Hilft eines Lasers der Herzschlag – also eine der wichtigsten Vitalfunktionen – beim Patienten überwachen. Das gilt natürlich vor allem dann, wenn jemand bewusstlos ist oder eine Narkose bekommt. Hierfür verlässt sich medizinisches Fachpersonal schon seit Jahrzehnten auf optoelektronische Pulsmessgeräte. Sie werden als sogenannte Fingerclips ähnlich wie eine Wäscheklammer einfach angeklemmt. Das klappt übrigens auch am Ohrläppchen.

Das Gerät funktioniert dabei vergleichbar mit dem in Kap. 3 erklärten optoelektronischen Lichtwellenleitersystem, nur ohne Glasfaser. Auch hierin steckt eine Lichtquelle, in diesem Fall eine Laserdiode. (Was das nochmal war, lässt sich in Abschn. 2.2 nachlesen.) Außerdem wird ein Lichtsensor, ein sogenannter Fotodetektor, verbaut – also ein Gerät, um Licht- in elektrische Signale umzuwandeln.

Stecken also der Finger oder das Ohrläppchen im Clip, schickt die Laserdiode von der einen Seite rotes Licht durch die Haut, das vom Fotodetektor auf der anderen Seite gemessen wird. Fließt viel Blut durch die Adern, ist das Signal schwächer, weil weniger Licht durchkommt. Fließt weniger Blut, ist das Signal stärker.

So kann gemessen werden, in welchen Abständen das Herz das Blut pumpt. Denn unser Blut fließt nicht immer gleichmäßig, sondern wird stoßweise durch die Arterien gepresst, also mal mehr und mal weniger – ausgelöst eben durch das Schlagen des Herzens. Das Lichtsignal ändert sich daher im Rhythmus der Herzfrequenz. Diese Zeitspanne gibt Aufschluss über den Puls.

▶ Das müssen Sie wissen

- Das „Augenlasern" ist mittlerweile sehr verbreitet. Das sogenannte Lasik-Verfahren verändert durch ultrakurze, hochintensive Laserpulse die Brechkraft des Auges und verbessert dadurch dessen Sehvermögen.
- Mit der sogenannten Laserpinzette kann das Leben auf mikrobiologischer Ebene präzise wie nie erforscht werden.
- Forscher aus Berlin entwickelten jüngst ein Gerät, das mithilfe eines Lasers auffällige Hautstellen analysieren kann. Das könnte unangenehme Biopsien künftig überflüssig machen.
- Optoelektronische Pulsmessgeräte funktionieren, indem sie einen Laserstrahl durch den Finger des Patienten schicken. Die Transmission dieser Lichtquelle gibt Aufschluss über die Blutmenge, bzw. zeigt an, wann das Herz pumpt.

Besser leben: Photonik für den Alltag 6

Viele Technologien rund um das Thema Licht und Laser sind hochkomplex und stecken noch in den Anfängen ihrer Entwicklung. Allerdings gibt es auch einige Erfindungen, die aus unserem Alltag schon lange nicht mehr wegzudenken sind und uns dabei sogar fast banal vorkommen. So funktionieren zum Beispiel auch CD-Player oder Scanner an der Supermarktkasse nur mit dem Wissen der Lichtphysiker. Gerade jedoch, weil sie ganz unscheinbar jedermanns Alltag prägen, lohnt es sich zu wissen, wie diese Erfindungen funktionieren.

6.1 Smart Car: wenn der Scheibenwischer bei Regen von selbst angeht

Mittlerweile sind sogenannte Regensensoren fast serienmäßig in neuen Fahrzeugen eingebaut. Mit ihnen spart der Fahrer sich das Anschalten der Scheibenwischer, falls es anfängt zu regnen. Das erledigt die Technik selbst. Damit das Auto aber weiß, „aha, es fallen Tropfen", haben die Entwickler hier ein Gerät eingebaut, das mit Totalreflexion arbeitet. Es geht also auch hier um das Prinzip, dass das Licht an einer Grenzfläche vollkommen reflektiert werden kann (Wer das nochmal genauer wissen will, liest nach unter Kap. 3).

Hierbei strahlt ein Laser in einem bestimmten Winkel zur Windschutzscheibe – und zwar genau so, dass der Strahl an der Grenzfläche von Windschutzscheibe und Luft vollständig reflektiert, also zurückgeworfen wird (Abb. 6.1a). Anschließend wird das zurückgeworfene Licht mit einem Lichtsensor gemessen und in ein elektrisches Signal umgewandelt.

Fängt es nun an zu regnen, legen sich Regentropfen auf die Windschutzscheibe (Abb. 6.1b). Das hat zur Folge, dass der Laserstrahl nicht mehr komplett reflektiert wird. Der Grund: Der Brechungsindex des Wassers ist größer als

© Springer Fachmedien Wiesbaden GmbH, ein Teil von Springer Nature 2019
P. Steglich und K. Heise, *Photonik einfach erklärt*, essentials,
https://doi.org/10.1007/978-3-658-27147-3_6

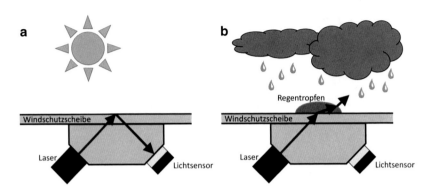

Abb. 6.1 Klare Sicht für immer: Erst wird der Laserstrahl von der Windschutzscheibe reflektiert **a**. Das wiederum wird von dem Lichtsensor registriert. Fällt Regen auf die Windschutzscheibe, ist das Signal gestört. Das löst den Auftrag zum Wischen aus **b**. (Quelle: eigene Darstellung)

jener der Luft. Also gelangt kein mehr Licht zum Lichtsensor. Das ist der entscheidende Moment. Jetzt wird ein Signal ausgelöst, dass dem Scheibenwischer das Kommando gibt: Fang an zu wischen [18].

6.2   LCD-Bildschirme: besser Fernsehen mit Licht

Sie gehören längst zur Standardausstattung im deutschen Durchschnittshaushalt: LCD-Bildschirme mit bis dato unerreichter Bildqualität. Mit ihnen funktionieren zum Beispiel Digitaluhren (Abb. 6.2a) und seit einiger Zeit sogar ganze Flachbildschirme (Abb. 6.2b).

Auch diese Entwicklung geht zurück auf die Tüftelei der Photoniker. Die hochpräzise Einstellung der Lichtstärken und Farben lassen das Bild ganz besonders deutlich erscheinen. Wie genau das klappt, kommt jetzt: Die erste gute Idee auf dem Weg zum besseren Fernseherlebnis sind die flüssigen Kristalle, die in den Bildschirm eingebaut sind. Daher übrigens auch der Name. LCD steht für Liquid Crystal Display. Diese Kristalle sind für die perfekte Beleuchtung zuständig, denn sie leiten das Licht durch das Gerät. Dazu haben sie besondere Eigenschaften und unterscheiden sich erheblich von normalen Flüssigkeiten. So lassen sich zum Beispiel ihre optischen Eigenschaften, wie etwa der Brechungsindex, durch eine elektrische Spannung beeinflussen. Deshalb stecken die Kristalle im Bildschirm zwischen zwei elektrisch leitenden Platten. Wozu das gut sein soll, kommt gleich.

a   b   c

Abb. 6.2 a/b Wie ein Fenster ins echte Leben: LCD-Screens erzeugen extrem klare Bil-
der. Das klappt dank der unzähligen Farbpixel und perfekten Ausleuchtung **c**. (Quelle:
eigene Darstellung)

Erst muss man jedoch wissen, dass hier außerdem noch sogenannte
Polarisationsfilter eingebaut sind. Diese sorgen dafür, dass nicht das gesamte
Licht aus dem Bildschirm nach außen tritt. Vielmehr können hier nur jene Anteile
des Lichts passieren, deren elektrische Felder in eine bestimmte Richtung zeigen.
Dazu muss man verstehen, dass Lichtwellen sich aus elektrischen und magneti-
schen Feldern zusammensetzen. Wobei hier nur die elektrischen Felder interessant sind, da sie besonders mit ihrer Umgebung interagieren (Abb. 6.3).
So weit, so gut. Trifft jetzt solche eine Lichtwelle auf einen Polarisationsfilter, sind drei Szenarien möglich: Entweder geht das Licht komplett durch oder
es wird teils oder sogar vollständig ausgelöscht. Und hier kommen die Flüssigkristalle ins Spiel. Die Richtung, in der das elektrische Feld der Lichtwelle zeigt,
lässt sich regulieren, indem man die Spannung der elektrisch leitenden Platten

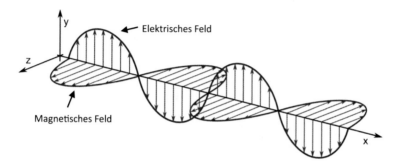

Abb. 6.3 Eine Lichtwelle besitzt elektrische und magnetische Felder, die rechtwinklig
zueinander stehen. (Quelle: eigene Darstellung)

und damit den Brechungsindex der Flüssigkristalle verändert. Die Änderung der optischen Eigenschaften der Flüssigkristalle mit einer elektrischen Spannung erlaubt es nun, die Lichtstärke hochgenau einzustellen.

Geschafft. Mit dieser Konstruktion lässt sich jetzt die Lichtstärke hochpräzise einstellen, ähnlich wie bei einem Lichtdimmer für die Raumbeleuchtung. Wenn die Helligkeit also stimmt, fehlen nur noch die richtigen Farben. Hierzu sind weitere Filter im Bildschirm eingebaut. Sie bewirken, dass das eigentlich weiße Licht nur rot, grün oder blau durchlässt (Abb. 6.2c). Diese drei Farben genügen, um alle anderen Töne zu kreieren. Dafür sind die einzelnen Farbpixel nebeneinander angeordnet. Das sorgt für ein einzigartiges Farberlebnis.

Die Kombination aus perfekt abgestimmter Helligkeit und scharfen Farben macht den LCD-Bildschirm gegenüber anderen Röhren so überlegen [19].

6.3   Der Scanner: Photonik an der Supermarktkasse

Piep, piep, piep – dieses Geräusch erinnert ans Bezahlen beim Einkaufen. Das Piepen stammt vom Supermarktscanner, der die einzelnen Barcodes liest, so die Preise erfasst und addiert. Die Technologie dahinter haben sich auch hier die Photoniker ausgedacht. Um nachzuvollziehen, wie die Scanner die einzelnen dunklen und hellen Striche der Barcodes erfassen können, muss man jedoch erst einmal ein paar physikalische Grundlagen verstehen: zum Beispiel wie helle und dunkle Farben überhaupt entstehen.

Dazu sollte man wissen, dass das Licht der Sonne oder einer Lampe eine Kombination aus allen Farben von blau bis rot ist (siehe Abschn. 1.2). Gemeinsam erscheint diese Farbmelange für unser Auge als weiß. Strahlt dieses weiße Licht nun auf eine Fläche, erkennt das menschliche Auge dessen Farbe. Dabei hängt der Farbton der Fläche davon ab, *wie viel und welche* Lichtwellen des weißen Lichts sie absorbiert oder reflektiert.

Trifft es etwa auf einen Gegenstand, der zum Beispiel nur den grünen Anteil des Lichts absorbiert, so werden nur die restlichen Farben reflektiert. Das menschliche Auge sieht in solch einem Fall rot. Trifft das weiße Licht aber auf einen Gegenstand, der *alle* Farben, also das gesamte weiße Licht aufnimmt, erscheint er schwarz.

Außerdem gut zu wissen: Absorbiert eine Oberfläche viel Licht, so wandelt sie es in Wärme um. Das ist auch der Grund, warum ein dunkler Bodenbelag schneller als ein heller Untergrund heiß wird, wenn die Sonne darauf scheint.

Auch die Industrie macht sich dieses Wissen zunutze. Und das führt zurück zum Supermarktscanner. Dieser ist mit einem roten Laser und einem Lichtsensor ausgestattet. Richtet der Kassierer also das Laserlicht auf den Barcode eines Produkts, wird dessen Licht von den schwarzen und weißen Strichen unterschiedlich stark reflektiert. Der Lichtsensor wiederum ist mit einem elektronischen Auswertesystem verbunden. Anhand der Dicke der schwarzen Striche und den Abständen bzw. anhand des Lichts, das reflektiert wird, weiß er sofort, um welches Produkt es sich handelt. Das heißt, der Scanner kann „lesen", was es kostet, welche Mehrwertsteuer fällig wird usw.

Damit es jetzt aber an der Kasse so richtig flott gehen kann, fehlt noch eine Kleinigkeit. Denn bei einem Barcode-Scanner, der allein nach dem beschriebenen Prinzip arbeitet, müsste jedes Produkt mit dem Barcode immer präzise zum Laser ausgerichtet sein. Das würde für die Kassierer im Supermarkt schnell zur langwierigen „Fummelarbeit" – und den Einkauf bald ziemlich ausdehnen. Deshalb entwickelten die Tüftler einen omnidirektionalen Laserscanner. Dieser kann Barcodes in alle Richtungen lesen, weil er statt nur einer, gleich mehrere Laserlinien erzeugt. Außerdem werden im Inneren des Scanners Spiegel angebracht. Das erhöht die Wahrscheinlichkeit deutlich, dass mindestens eine Laserlinie passend zum Barcode ausgerichtet ist. Jetzt lässt sich das Produkt mit dem Barcode einfach über den Scanner ziehen, Ausrichtung egal. Piep, piep, piep. Und dann klappt es auch mit dem schnellen Einkauf.

Ausnahmsweise ist diese Technik tatsächlich aber weniger ein Zukunftsfeld der Photonik. Vielmehr setzen Entwickler aktueller eher auf sogenannte RFID-Chips. Hier können deutlich mehr Informationen gespeichert werden. Daher werden sie wohl mittelfristig das Barcode-Etikett ablösen.

6.4 Musik mit Photonik

Noch ein Beispiel, um zu zeigen, dass Photonik schon ganz selbstverständlich in den Alltag gehört, ist der CD-Player. Auch hier geht es wieder um 0 und 1 und natürlich auch um Laser. Er sorgt dafür, dass die Daten auf der CD gelesen werden können.

Dazu sind die Informationen der Disk auf einer spiralförmigen Aluminiumschicht gespeichert, die vom Inneren der Scheibe nach außen verläuft – und zwar in Form vieler minimaler Erhöhungen und Vertiefungen (Abb. 6.4). Diese Kerben sind nur etwa 0,5 µm breit und üblicherweise 0,12 µm tief. Deshalb sind sie auch mit bloßem Auge nicht zu erkennen.

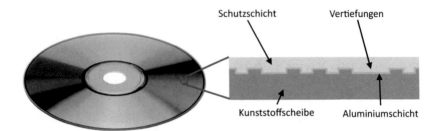

Abb. 6.4 Hoch, runter, hoch, runter: Solche Vertiefungen verraten dem Laser, welche Daten auf einer CD gespeichert sind. (Quelle: eigene Darstellung)

Nach diesen Hochs und Tiefs tastet der Laser des CD-Players die Unterseite der CD ab. Das von hier aus reflektierte Licht, wird von Lichtsensoren erfasst und „gelesen". Wird der Laserstrahl an einer Vertiefung reflektiert, so erkennt die Auswerteelektronik eine 1. Die Reflexion an einer Erhöhung steht für eine 0. Um zu verstehen, wie dieses Lesen der Höhen und Tiefen genau funktioniert, geht es auch diesmal wieder nicht ganz ohne ein bisschen Physik-Theorie.

Also: Licht verhält sich wie eine Welle, das ist bereits klar. (Wer es noch einmal genauer wissen will, liest nach in Abschn. 1.2) Diese Wellen können sich – vergleichbar mit Wasserwellen – gegenseitig beeinflussen. Sie können sich verstärken oder schwächen. Physiker würden sagen, sie überlagern sich entweder konstruktiv oder destruktiv – und nennen das ganze Interferenz. Bei der konstruktiven Interferenz verstärken sich die Lichtwellen. Das passiert, wenn zum Beispiel ein Wellen*berg* des ersten Lichtstrahls auf den Wellen*berg* eines zweiten Lichtstrahls trifft (Abb. 6.5a). Die beiden Wellen schließen sich zusammen und werden doppelt so stark. Sind aber die Lichtwellen zueinander verschoben (Abb. 6.5b), so kommt es zur destruktiven Interferenz. Anstatt sich zu verstärken, löschen sie sich diesmal gegenseitig aus. Denn die Summe eines Wellen*bergs* und eines Wellen*tals* ergibt Null.

Und genau diese Interferenz von Lichtwellen nutzt ein CD-Player, um die oben erwähnten Erhöhungen oder Vertiefungen zu messen. Dazu wird das Laserlicht des CD-Players zunächst von einem Strahlteiler aufgespalten. Die eine Hälfte des Lichts wird geradeaus geleitet und von einem Spiegel reflektiert. Die andere Hälfte wird senkrecht dazu abgelenkt und ihrerseits an der CD-Oberfläche reflektiert. Dann werden beide Reflexionen zusammengeführt. Die Wellen können jetzt also miteinander interferieren. Das heißt, sie können sich verstärken oder auslöschen. Das Ergebnis sind die Daten, die ein Lichtsensor „lesen" kann.

Abb. 6.5 Gemeinsam
stärker? Nicht unbedingt.
Wenn zwei Wellen sich
treffen, können sie sich
entweder miteinander
verbinden **a** oder aber sich
gegenseitig auslöschen
b. (Quelle: eigene
Darstellung)

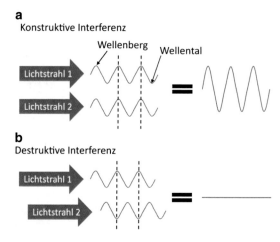

Das Aufteilen des Laserstrahls ist notwendig, weil die Reflexion eines einzelnen Laserstrahls den Unterschied zwischen Erhöhungen und Vertiefungen nicht
anzeigen kann. Dazu braucht es tatsächlich die Interferenz mit der Reflektion des
Spiegels.

Dieses Gerät im CD-Player heißt übrigens Michelson-Interferometer [20],
benannt nach seinem Erfinder, dem US-amerikanischen Physiker Albert Michelson (s. Abb. 6.6).

Um die Reflexionen zu verstärken, trägt die CD zusätzlich eine hauchdünne
Aluminiumschicht. Die funktioniert übrigens genau wie bei unserem Bade-
zimmerspiegel. Auch der besteht oft einfach nur aus einer Aluminiumschicht –
genug, um unser Spiegelbild zu reflektieren. Weil das im Falle der CD dann aber
doch recht anfällig für Kratzer ist, wird die CD abschließend mit einem trans-
parenten Schutzlack versiegelt.

Auch interessant zu wissen: Der CD-Spieler arbeitet mit rotem Licht, das
eine Wellenlänge von 780 nm besitzt. Mit fortschreitender Entwicklung kamen
schließlich auch DVD-Spieler mit rotem Licht, aber einer Wellenlänge von
650 nm sowie Blue-ray-Geräte mit blauem Licht bzw. mit einer Wellenlänge
von 405 nm auf den Markt. Die immer kleinere Wellenlänge bzw. Laserfarbe hat
einen Grund. So können deutlich kleinere Spuren auf der Disc erkannt werden,
sodass gleichzeitig auch mehr Spuren auf eine Disc passen. Und deutlich mehr
Spuren, heißt deutlich mehr Daten.

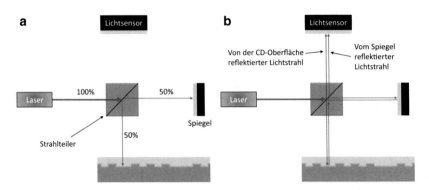

Abb. 6.6 Funktionsweise des Michelson-Interferometers: **a** Erst wird der Laserstrahl aufgeteilt. **b** Die eine Hälfte wird von einem Spiegel, die andere von der Oberfläche der CD zurückgeworfen. Das Ergebnis sind unterschiedliche Reflexionen, die miteinander interferieren. (Quelle: eigene Darstellung)

▶ **Das müssen Sie wissen**

- Regensensoren funktionieren, indem sie einen Laser auf die Windschutzscheibe richten, der von hier aus reflektiert wird. Regentropfen können diese Reflexion stören. Das löst den Befehl zum Wischen aus.
- LCD-Bildschirme beinhalten Polarisations- und spezielle Farbfilter. Diese lassen nur bestimmte Lichtwellen und Farben durch und kreieren so ein perfektes Bild.
- Auch Scanner an der Supermarktkasse arbeiten mit Lasern. Anhand der Reflexion der schwarzen und weißen Striche des Barcodes können sie ein Produkt zuordnen.
- Der Laser im CD-Player liest die Daten einer CD aus, indem er die hier gespeicherten Erhöhungen und Vertiefungen registriert. Das funktioniert mit dem Prinzip der sogenannten Lichtwelleninterferenz.

Besser bauen: Photonik in der Industrie 7

Egal, ob es darum geht, winzig kleine Mikrochips zu fertigen oder riesige Stahl-
blöcke zu zerschneiden: Die Photonik hat das perfekte Gerät parat, denn Laser
sind auch für die Industrie extrem vielseitig nutzbar.

7.1 Allroundwerkzeug aus Licht

Flugzeugbau, Maschinenbau, Automobilhersteller, Elektro-, Glas- und Kunst-
stoffindustrie nutzen Licht zum Härten, Polieren, Schneiden und Bohren, Löten
usw., kurz, vor allem für die Materialbearbeitung. Dabei profitieren alle diese
Branchen davon, dass mit Licht nahezu alle Materialien miteinander verschweiß-
bar oder bearbeitbar sind. Außerdem lassen sich Lasergeräte extrem präzise einsetzen, verschleißen dabei niemals und arbeiten sehr schnell.

Damit das Licht als wahres Allround-Werkzeug eingesetzt werden kann,
müssen vor allem zwei Eigenschaften des Lasers immer wieder angepasst
werden [21]:

Erstens die *Einwirkdauer* – das ist die Zeit, mit der das zu bearbeitende Material bestrahlt wird. Eine extrem kurze Einwirkdauer nutzen Industriearbeiter zum
Beispiel zum Polieren von Stahl. Dazu wird der Laserstrahl „gepulst", wie Physiker sagen. Wir sprechen von Licht, das immer wieder für nur eine Picosekunde,
also 0,000000000001 s auf das Material trifft.

Die Wärme, die hier durch den Laserstrahl entsteht, hat so keine Gelegen-
heit, sich im Material auszubreiten und dessen Eigenschaften wie zum Beispiel
die Härte oder Zugfestigkeit zu verändern. Vielmehr wird nur die raue Oberfläche
leicht aufgeschmolzen. Das macht sie glatter, wie in Abb. 7.1 gezeigt.

© Springer Fachmedien Wiesbaden GmbH, ein Teil von Springer Nature 2019   43
P. Steglich und K. Heise, *Photonik einfach erklärt, essentials,*
https://doi.org/10.1007/978-3-658-27147-3_7

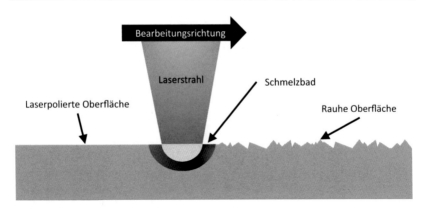

Abb. 7.1 Aus rau mach glatt: Beim Laserpolieren wird nur die Oberfläche aufgeschmolzen. (Quelle: eigene Darstellung)

Eine weitere Eigenschaft, die angepasst werden muss, je nachdem, was mit dem Laser angestellt werden soll, ist die *Leistungsdichte* – also die Intensität des Strahls. Konkret geht es dabei um die Anzahl der Photonen, die pro Sekunde auf eine bestimmte Fläche treffen. Zum Härten oder Löten etwa erhitzen Arbeiter Metall mit einem Laser mit der Stärke von 0,001 kW/mm^2 [21].

Damit es noch heißer wird, kann der gleiche Laser auf eine kleinere Fläche fokussiert werden. So entstehen Intensitäten von bis zu 1 kW/mm^2. Das braucht man zum Beispiel beim Schweißen (s. Abb. 7.2).

Neben Metall lassen sich im Prinzip übrigens auch alle anderen Materialien wie zum Beispiel Kunststoffe, Glas oder Keramiken bearbeiten. Dabei muss neben Einwirkdauer und Intensität, aber auch die Wellenlänge angepasst werden, damit das Licht auch wie gewünscht absorbiert wird.

Leistungsdichte: (Intensität)	10^{-2} kW/mm²	10^1 kW/mm²	10^4 kW/mm²
Einwirkdauer:	Sekunden	Millisekunden	Nanosekunden
Anwendung:	Härten, Löten	Polieren, Schneiden, Bohren	Gravieren

Abb. 7.2 Unterschiedliche Intensität und Einwirkdauer von Lasern und das Ergebnis. (Quelle: eigene Darstellung)

7.2 Zollstöcke aus Licht

Zu den ohne Zweifel besonders nützlichen Photonik-Werkzeugen in der Industrie gehören auch Messgeräte. Denn wer rekordverdächtige Gebäude bauen oder große Mengen kostenoptimiert produzieren und lagern möchte, braucht vor allem präzise Maße. Und diese gibt es ganz leicht mit der optischen Abstandsmessung – also Zollstöcken aus Licht. In vielen Industriebereichen spielt diese Technik längst eine große Rolle, zum Beispiel mit der sogenannten Lichtlaufzeitmessung.

Diese funktioniert ähnlich dem Radarprinzip von Fledermäusen. Diese fliegen mit hoher Geschwindigkeit durch die Nacht, sind dabei fast blind und können sich trotzdem stets hervorragend orientieren. Das funktioniert, weil sie sehr hohe Töne aussenden, für Menschen übrigens unhörbar. Die Schallwellen dieser Töne werden von den Hindernissen in ihrer Umgebung zurückgeworfen wie ein Echo. Mit diesem Echo können sich die Fledermäuse ein „Bild" ihrer Umgebung machen.

Ein vergleichbares Verfahren haben sich auch die Entwickler der Lichtlaufzeitmessung zunutze gemacht – mit dem Unterschied, dass sie keine Schall-, sondern Lichtwellen nutzen.

Um also eine bestimmte Distanz zu messen, wird ein Laserpuls in Richtung des Messobjekts – also zum Beispiel eines Baums – gerichtet. Der Baum reflektiert diesen Laserpuls. Diese Reflexion wiederum registriert das Messgerät mit einem Lichtsensor (s. Abb. 7.3). Gleichzeitig misst es die Zeit, die das Licht zum Baum und zurück gebraucht hat. Anhand der Dauer lässt sich die Distanz genau ermitteln – oder wie es der Physiker ausdrücken würde: Weg ist gleich Lichtgeschwindigkeit mal die benötigte Zeit, geteilt durch zwei, bzw: $s = c \cdot t/2$. Wir nehmen hier nur die Hälfte, da der Lichtpuls einmal hin und einmal zurückgeflogen ist [22].

Mit dieser Messtechnik schaffen es zum Beispiel Roboter, Objekte ganz genau zu greifen. Logistiker können präzise ermitteln, wie dick Papierrollen oder wie hoch Holz und Verpackungen gestapelt werden.

Ein weiteres Beispiel für die optische Messtechnik ist die kosten- und zeitoptimierte Herstellung von Getränkedosen. Diese Dosen werden aus Metallblech hergestellt – so dick wie nötig, aber auch so dünn wie möglich. Denn jedes Gramm Material ist ein Kostenfaktor, vor allem wenn es um Millionen Exemplare geht. Für die Produktion ist es daher besonders wichtig, dass die Durchmesser der Behälter präzise vermessen werden; am liebsten natürlich, ohne dass es Zeit kostet oder die Dosen berührt werden müssen. Beides gelingt

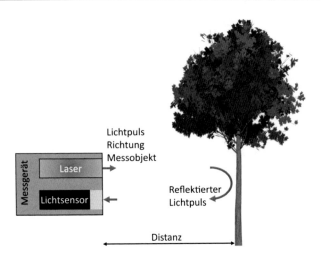

Abb. 7.3 Einmal zum Baum und wieder zurück: Die Zeit, die das Licht braucht, gibt Aufschluss über die Distanz. (Quelle: eigene Darstellung)

mit der photonische Messtechnik mühelos. Außerdem greifen die Entwickler auf einen Trick zurück: Nicht das Blech jeder Dose selbst, sondern nur das Fertigungswerkzeug wird vermessen und zum Beispiel geprüft, ob Abnutzungserscheinungen auftreten.

Die photonische Messtechnik macht es außerdem möglich, dass Innen- und Außen-durchmesser der Behältnisse sowie ihre Rundheit ohne Zeitverlust kontrolliert werden können – für die perfekte Dose, viele Millionen Mal.

Doch es geht auch deutlich komplexer als mit diesem Verfahren. Die optischen Geräte können auch riesige, dreidimensionale Körper, etwa ein Auto, hochpräzise und vollständig vermessen. Die Ergebnisse lassen sich sogar als perfektes 3D-Modell am PC darstellen. Das funktioniert mit dem sogenannten Streifenprojektionssystem. Im einfachsten Fall wird dabei mit einem Beamer ein Streifenmuster auf das zu vermessende Objekt – bzw. das Auto – projiziert. Das Ganze wird dann mit einer Kamera festgehalten. Je nach Erhebung oder Vertiefung des Objekts, verändern sich die Streifen, werden gestaucht oder in die Länge gezogen. Anhand dieser Verformungen lassen sich Höhenunterschiede bestimmen und am Computer nachstellen. Neuere Systeme verwenden dabei unterschiedliche Streifenmuster, um auch kleinste Details des Körpers nachzubilden [23].

7.3 Licht im Computer

Ein weiteres Beispiel für den Segen der Photonik in der Industrie sind sogenannte On-Chip-Technologien. Hiermit sind winzige photonische Bauteile gemeint, die in einen Computerchip eingebaut werden. Diese Erfindungen werden vor allem in der Kommunikationsbranche immer wichtiger. Sie können zum Beispiel helfen, extrem riesige Datenmengen über weite Strecken zu transportieren. Bereits heute führen internet- und Cloud-basierte Softwareanwendungen wie E-Commerce, E-Governance, E-Health, Video-on-Demand, Internetsuchmaschinen sowie massives Online-Gaming, aber eben auch Facebook, Twitter und Co. dazu, dass Massen an Informationen hin- und hergeschickt werden – und zwar mit Glasfaserkabeln und über sehr lange Strecken.

Aktuell läuft das noch ganz gut mithilfe großer Rechenzentren, die in riesigen Industriehallen stehen. Diese befinden sich jedoch mittlerweile am Rande ihrer Belastungsgrenze. Wir sprechen hier immerhin schon von Größenordnungen um ein Terabit, bzw. 1.000.000.000.000 Bits pro Sekunde, die von A nach B gesendet werden wollen [24]. Und es ist kein Ende in Sicht. Künstliche Intelligenz und das Internet-of-Things werden zukünftig zu einer weiteren wahren Datenexplosion führen.

Die einzige aktuell bekannte Lösung, um einen Zusammenbruch des Informationstransfers mit massiven Folgen zu verhindern, ist die oben genannte On-Chip-Technologie mit ihren optischen Bauteilen. Sie liefert die einzige gegenwärtig verfügbare Hardware, um die anfallenden Datenmengen und noch mehr weiterhin zuverlässig zu verarbeiten. Wer also auch in Zukunft problemlos twittern, liken und onlineshoppen will, kommt um Photonik nicht herum.

Das war bereits Thema in Abschn. 4.2, als es um die Quantenrechner ging. Hier heißt es, dass sich mit Hilfe von Quanten extrem leistungsfähige PCs bauen lassen – allerdings aber erst irgendwann. Bevor also diese Supercomputer tatsächlich im Handel erhältlich sind, muss sich die Kommunikationsbranche auf die On-Chip-Technologie mit ihren optischen Bauelementen verlassen. Dabei geht es vor allem um sogenannte faseroptische Transceiver. Sie können die Server in den Rechenzentren über Glasfaserkabel miteinander verbinden. Das Gute daran: Sie machen das ganze System richtig, richtig schnell. Und *schnelle* Datenverarbeitung heißt *viel* Datenverarbeitung.

Das besondere an den faseroptischen Transceivern ist ihre Fähigkeit, ankommende elektrische Signale in optische umzuwandeln – diese in Lichtgeschwindigkeit durch das Kabel zu jagen – und am anderen Ende wieder zurück zu verwandeln. Deshalb bestehen diese Transceiver aus verschiedenen Teilen.

Dazu gehören erstens Sender und zweitens Empfänger, die jeweils am Ende jedes Glasfaserkabels eingebaut sind, um die Server miteinander zu verbinden. Der Transceiver selber befindet sich auf einen Computerchip. Hier findet das eigentliche Umwandeln vom elektrischen ins optische Signal statt. Dieser Chip wird nun in ein sogenanntes Board mit elektronischen Anschlüssen eingebaut. Von hier aus werden die Signale dann von einem Computer bzw. Server ausgewertet.

Das Faszinierende an der ganzen Geschichte: Die Photonen werden innerhalb des Chips mit extrem kleinen sogenannten Wellenleitern transportiert. Sie sind so winzig, dass sie mit bloßem Auge nicht sichtbar sind. Sie funktionieren dabei im Prinzip trotzdem wie ein Kanal oder Kabel, also vergleichbar mit der Glasfaser. Doch während eine solche Glasfaser schon nur einen Kerndurchmesser von einem 100stel Millimeter hat, ist der Wellenleiter noch einmal um ein 20-Faches kleiner [25]. Diese Winzigkeit hat den Vorteil, dass viele Wellenleiter gleichzeitig auf einen einzigen Chip passen. Abb. 7.4 zeigt einen solchen Chip.

Toll, wenn diese Transceiver funktionieren. Die große Schwierigkeit liegt allerdings in der Herstellung der Bauteile. Denn man kann nicht einfach in eine Fabrikhalle ziehen und losbauen. Vielmehr muss erst ein sogenannter Reinraum

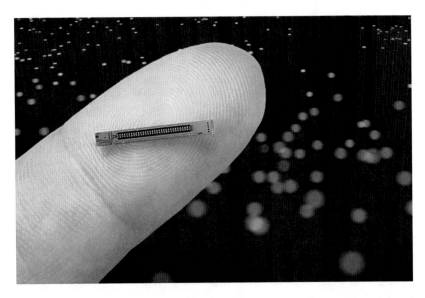

Abb. 7.4 Kleines Gerät, große Wirkung: Dieses winzige photonische Bauteil wandelt optische in elektrische Signale um und leitet sie weiter. (Quelle: Mit freundlicher Genehmigung von IHP – Leibniz-Institut für innovative Mikroelektronik)

her. „Rein" steht dabei für besonders sauber. Diese Sauberkeit ist wichtig, weil schon das kleinste Staubteilchen den Wellenleiter zerstören kann. Ist ja klar, denn so ein Schmutzpartikel, der in der Luft herumschwirrt, ist viel größer und schwerer. Man würde ja auch keine Sahnetorte herstellen in einer Umgebung, in der unzählige Felsbrocken umherfliegen.

Tatsächlich tummeln sich in einem gewöhnlichen Wohnraum etwa 200.000 Staubpartikel pro Kubikmeter. In einem klassischen Reinraum hingegen sind nur bis zu zehn solcher winzigen Staubpartikel erlaubt. Damit es dort auch so sauber bleibt, dürfen Menschen hier nur mit besonderen Ganzkörper-Schutzanzügen inklusive Mundschutz hinein (s. Abb. 7.5). Denn der Mensch selbst gehört zu den größten Schmutzquellen und trägt selbst viel Staub und Hautpartikel mit sich herum. Um ganz sicher zu sein, dass es hier also rein ist und bleibt, wird die Luft ständig überprüft.

Damit die Herstellung nicht noch komplizierter wird, greifen die Entwickler auf die Erfahrungen und die bereits gut ausgebaute Infrastruktur der Mikroelektronik zurück. Deshalb werden die Bauteile zum Beispiel meist aus Silizium gefertigt – dem Standardmaterial der Branche. Damit sich die Produktion auch lohnt, bauen die Entwickler dann nicht immer nur einen Chip auf einmal. Vielmehr produzieren sie gleich große, runde Scheiben, sogenannte Wafer, aus denen sich später zahlreiche Chips ausschneiden lassen (s. Abb. 7.5).

Bereits vor dreißig Jahren begannen Wissenschaftler erstmals damit, solche optischen Bauteile zu kreieren. Seitdem musste allerdings noch einiges an Forschung investiert werden, bis der heutige Stand der Technik erreicht war.

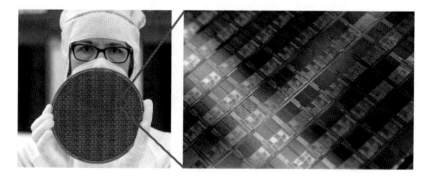

Abb. 7.5 Damit es sich richtig lohnt: Chips werden stets auf großen, runden Wafern produziert. Hieraus lassen sie sich dann ausschneiden. Ganz wichtig ist dabei, dass alles extrem sauber ist. Deshalb tragen alle Mitarbeiter Schutzanzüge. (Quelle: Mit freundlicher Genehmigung von IHP – Leibniz-Institut für innovative Mikroelektronik)

Trotzdem ist die Entwicklung solcher Technologien, die auf einen Chip passen, noch lange nicht abgeschlossen. Zum Beispiel arbeiten Wissenschaftler aus
Paderborn gerade an der Verbindung des Forschungsbereichs On-Chip-Technologie mit den Erfindungen der Quantenkommunikation. Erst kürzlich haben sie die
Quantennatur von Photonen untersucht – und zwar mit Hilfe von in einen Chip
eingebauten Schaltkreis [26]. Das Ziel dahinter sind die in Abschn. 4.2 erwähnten
Hochleistungscomputer (bzw. Quantencomputer). Denn wenn es gelingt, die Hard-
ware auf einem kleinen Chip unterzubringen, könnte man sie in einen Computer
einbauen – und sich den Superrechner relativ kostengünstig nach Hause holen.
Es geht also darum, die Technik für jedermann zur Verfügung zu stellen: um die
Industrie zu unterstützten, privates Surfen sicherer zu machen – und eine Stange
Geld zu verdienen.

▶ Das müssen Sie wissen

- Ein photonisches Messgerät funktioniert, indem es einen Laserpuls auf
  das Messobjekt richtet und die Zeit misst, die der Lichtpuls bis zum Messobjekt und zurück braucht. Damit lässt sich die Distanz berechnen.
- Mit der Streifenprojektionsmethode lassen sich große dreidimensionale
  Körper vermessen. Dazu wird ein Streifenmuster auf die Fläche projiziert.
  Die Stauchung bzw. Streckung der Streifen gibt Aufschluss über die Form
  des Körpers.
- Dank On-Chip-Technologien lassen sich immense Datenmengen verarbeiten. Auf ihnen sind optische Transceiver integriert, die elektrische in optische Signale umwandeln, um den Informationsaustausch zu
  beschleunigen.

Was Sie aus diesem *essential* mitnehmen können

- Einen knappen Überblick über ein kompliziertes, aber hochbrisantes Forschungsfeld
- Eine erste Antwort auf die Frage: Was ist Licht?
- Wissen über Photonik-Erfindungen – und die physikalische Theorie dahinter
- Einen Ausblick auf die Zukunft der Kommunikation: das Quanteninternet

© Springer Fachmedien Wiesbaden GmbH, ein Teil von Springer Nature 2019
P. Steglich und K. Heise, *Photonik einfach erklärt*, essentials,
https://doi.org/10.1007/978-3-658-27147-3

Literatur

1. Hecht, J. (2005). *Beam: The race to make the laser.* New York: Oxford University Press.
2. Bibel, 1. Mose 1.
3. Einstein, A. (1916). Zur Quantentheorie der Strahlung. *Physikalische Gesellschaft Zürich, Mitteilungen, 16,* 47–62.
4. Hecht, J. (2010). Short history of laser development. *Optical Engineering, 49*(9), 091002.
5. Fischer, E. P. (2010). *Laser – Eine deutsche Erfolgsgeschichte von Einstein bis Heute.* München: Siedler Verlag.
6. Graf, T. (2009). *Laser. Grundlagen der Laserstrahlquellen.* Wiesbaden: Vieweg + Teubner.
7. Taylor, N. (2000). *Laser: The inventor, the nobel laureate, and the 30-year patent war.* New York: Simon & Schuster.
8. Darrow, K. K. (1951). Bell: Das Telefon. In L. Leprince-Ringuet (Hrsg.), *Die berühmten Erfinder. Physiker und Ingenieure* [Les inventeurs celebres] (S. 208–210). Genf: Mazenod.
9. Berners-Lee, T. & Fischetti, M. (1999). *Der Web-Report. Der Schöpfer des World Wide Webs über das grenzenlose Potential des Internets.* Aus dem Amerikanischen von Beate Majetschak. München: Econ.
10. Patent DE1254513: *Mehrstufiges Übertragungssystem für Pulscodemodulation dargestellte Nachrichten.* Veröffentlicht am 16. November 1967. Erfinder: Manfred Börner.
11. Poletti, F., et al. (2013). Towards high-capacity fibre-optic communications at the speed of light in vacuum. *Nature Photonics, 7*(4), 279.
12. Barrett, M. D., et al. (2004). Deterministic quantum teleportation of atomic qubits. *Nature, 429*(6993), 737.
13. Yuan, Z.-S., et al. (2008). Experimental demonstration of a BDCZ quantum repeater node. *Nature, 454*(7208), 1098.
14. Interview des Deutschlandfunk mit Prof. Stephanie Wehner/niederländischen Forschungszentrum QUTECH in Delft/August 2018/https://www.deutschlandfunk.de/quanteninternet-das-web-q-0-nimmt-gestalt-an.740.de.html?dram:article_id=425283.

© Springer Fachmedien Wiesbaden GmbH, ein Teil von Springer Nature 2019   53
P. Steglich und K. Heise, *Photonik einfach erklärt, essentials*,
https://doi.org/10.1007/978-3-658-27147-3

15. Huber, I., Lackner, W., & Pfäffl, W. (2005). *Augenlaser – Die Erfolgstherapie bei Fehlsichtigkeit* (2. Aufl.). Hannover: Schlütersche Verlagsgesellschaft.
16. Padgett, M. J., Molloy, J., & McGloin, D. (2010). *Optical tweezers: Methods and applications*. Boca Raton: CRC Press.
17. Goldman, L., & Rockwell, R. J. (1971). *Lasers in medicine*. New York: Gordand and Breach.
18. Bammel, K. (2007). Klare Sicht bei Sauwetter. *Physik Journal, 6*(3), 64–65.
19. Kawamoto, H. (2002). The history of liquid-crystal displays. In *Proceedings of the IEEE 90* (4), 7. August.
20. Lawall, J., & Kessler, E. (2000). Michelson interferometry with 10 pm accuracy. *Review of Scientific Instruments, 71*(7), 2669–2676.
21. Hering, E., & Martin, R. (2017). *Optik für Ingenieure und Naturwissenschaftler: Grundlagen und Anwendungen*. München: Hanser.
22. Schuth, M., & Buerakov, W. (2017). *Handbuch Optische Messtechnik: Praktische Anwendungen für Entwicklung, Versuch, Fertigung und Qualitätssicherung* (1. Aufl.). München: Hanser.
23. Servin, M., Quiroga, J. A., & Padilla, J. M. (2014). *Fringe pattern analysis for optical metrology: Theory, algorithms, and applications*. Weinheim: Wiley-VCH.
24. Chrostowski, L., & Iniewski, K. (2017). *High-speed photonics interconnects (Devices, circuits, and systems)*. Boca Raton: CRC Press.
25. Chrostowski, L., & Hochberg, M. (2015). *Silicon photonics design: From devices to systems*. Cambridge: Cambridge University Press.
26. Luo, K.-H., et al. (2019). Nonlinear integrated quantum electro-optic circuits. *Science Advances, 5*(1), eaat1451.

Printed in the United States
By Bookmasters